Erik Tiefel

Otimizar o intervalo de manutenção

Erik Tiefel

Otimizar o intervalo de manutenção

Uma análise do selo de umidade do E-Jet da Embraer

ScienciaScripts

Imprint

Any brand names and product names mentioned in this book are subject to trademark, brand or patent protection and are trademarks or registered trademarks of their respective holders. The use of brand names, product names, common names, trade names, product descriptions etc. even without a particular marking in this work is in no way to be construed to mean that such names may be regarded as unrestricted in respect of trademark and brand protection legislation and could thus be used by anyone.

Cover image: www.ingimage.com

This book is a translation from the original published under ISBN 978-620-2-31924-9.

Publisher:
Sciencia Scripts
is a trademark of
Dodo Books Indian Ocean Ltd. and OmniScriptum S.R.L publishing group

120 High Road, East Finchley, London, N2 9ED, United Kingdom
Str. Armeneasca 28/1, office 1, Chisinau MD-2012, Republic of Moldova, Europe
Printed at: see last page
ISBN: 978-620-8-12365-9

Resumo

Este trabalho de investigação centrar-se-á na otimização dos intervalos de manutenção para desenvolver eficiências de custos para as companhias aéreas. O foco será orientado para a forma como a Republic Airlines pode aumentar a fiabilidade do para-brisas principal da sua frota Embraer 170. A hipótese é que, para reduzir as remoções, é aconselhável que a companhia aérea reduza os intervalos de inspeção do vedante de humidade do para-brisas principal. Será utilizada uma análise da distribuição de Weibull condicional entre os dois conjuntos de dados para apoiar a teoria entre (a) 1.000 horas (intervalo de inspeção) e (b) 500 horas (intervalo de inspeção reduzido). O resultado desejado será um valor de p inferior a 0,05 do teste ANOVA para sugerir um aumento significativo da fiabilidade. Ao reduzir o intervalo de inspeção de manutenção de 1.000 horas de voo para 500 horas, reduzirá o número de remoções do para-brisas principal e resultará numa melhoria da fiabilidade de 10%.

Palavras-chave: manutenção aeronáutica, intervalo de manutenção optimizado, Embraer, transparências PPG, programas de manutenção aeronáutica, para-brisas de aeronaves, métodos estatísticos

Índice

CAPÍTULO 1

Introdução

O sector das companhias aéreas é extremamente competitivo e está sujeito a uma incerteza

económica constante. As companhias aéreas, como a Republic, têm de desenvolver e manter novas

estratégias para reduzir os custos diretos de manutenção, a fim de se manterem competitivas no

mercado. Atualmente, a Republic concentra-se nos seus métodos existentes para tentar reduzir os

custos e manter as aeronaves, enquanto os impactos significativos na fiabilidade do sistema e na

eficiência dos custos têm sido negligenciados, pelo que as análises dos custos de manutenção da

companhia aérea não estão bem definidas e prejudicam outras partes da empresa, como o lucro, o

planeamento e a segurança. As principais conclusões da investigação confirmam que existem

métodos para obter intervalos de manutenção optimizados, melhorando a eficiência dos custos e a

fiabilidade do sistema, que a Republic Airlines não está a utilizar no seu programa de manutenção.

Na figura 1, o gráfico mostra um custo total de manutenção elevado quando o componente é

objeto de manutenção excessiva e de manutenção insuficiente. Quando a manutenção de um

componente é excessiva, a companhia aérea utiliza os custos de mão de obra e o tempo de

inatividade do componente/aeronave para calcular um custo total de manutenção elevado. Também

se regista um custo elevado no outro extremo do espetro quando um componente tem uma

manutenção insuficiente. O custo aumenta à medida que o número de peças novas tem de ser

adquirido para manter os padrões de manutenção do sistema. Neste caso, o investigador planeia

aplicar esta ideia de manutenção optimizada ao intervalo de inspeção da vedação contra a humidade

dos para-brisas principais dos aviões E-Jet da Embraer. As linhas tracejadas mostram as práticas de

manutenção planeada e não planeada. A linha para a manutenção planeada é linear em relação a um

intervalo definido entre verificações. A manutenção não planeada é de natureza exponencial. Isto

deve-se à fiabilidade da falha de um componente. Como parte da revisão da literatura, a fiabilidade

dos componentes apresenta um padrão de falha exponencial à medida que o intervalo aumenta até ao infinito.

Figura 1: Diagrama do intervalo de manutenção optimizado.

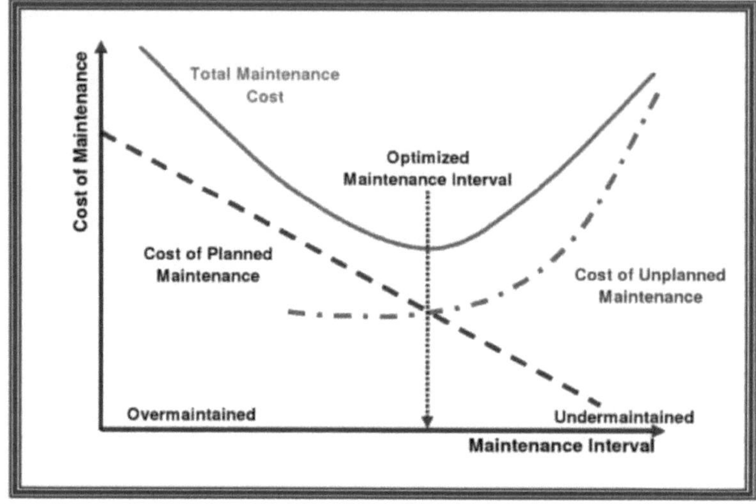

Nota: Gráfico retirado de Smith, R., Hawkins, B. Lean Maintenance: Reduce Costs, Improve Quality, and Increase Market Share, p. 29, (2004)

A manutenção de aeronaves é necessária para que todas as companhias aéreas mantenham e estabeleçam a aeronavegabilidade da aeronave. De acordo com a Associação Internacional de Transporte Aéreo (IATA), em 2011, as companhias aéreas gastavam normalmente cerca de 12% do seu orçamento operacional por ano em actividades de manutenção. Este custo inclui: material, mão de obra, subcontratação e despesas gerais. Embora a Republic Airlines tenha um orçamento operacional mais reduzido do que a maioria das companhias aéreas, continua a ter um custo direto de manutenção de cerca de 60 milhões de dólares por ano.

O programa de manutenção da Republic Airlines começa com os requisitos estabelecidos pela Federal Aviation Administration (FAA) e pelo fabricante da aeronave. Todos os procedimentos de manutenção para manter a aeronavegabilidade são publicados no manual de manutenção de aeronaves (AMM) do fabricante, que é aprovado pela FAA.

A Republic Airlines é um dos maiores operadores mundiais de E-Jets da Embraer, com mais de 32 aeronaves. A Republic começou a comprar as aeronaves em 2004 e, desde então, tornou-se a líder do programa de E-Jets da Embraer. A Embraer iniciou o conceito de E-Jet para novos mercados emergentes de companhias aéreas em 2001. A série de E-Jets inclui quatro variantes de aeronaves que variam entre 70 e 120 passageiros e são indicadas por 170, 175, 190 e 195. Os aviões são fabricados nos arredores de São Paulo, Brasil, na América do Sul. Este estudo centrar-se-á nos aviões Embraer 170 e 175 da Republic Airline, que têm o para-brisas principal fabricado pela PPG aerospace transparencies. A PPG foi selecionada como OEM para a duração do programa de fornecimento de conjuntos de navios do para-brisas principal do cockpit para a produção do fabricante brasileiro de aeronaves.

À medida que uma aeronave envelhece, a degradação dos sistemas da aeronave começa a fazer-se notar e a apresentar desafios adicionais para a atividade da companhia aérea, uma vez que se verifica um aumento dos custos inesperados. Por exemplo, os para-brisas dos Embraer 170 deveriam ter uma vida útil garantida de 20 000 horas, mas, em vez disso, em média, só após 10 000 horas é que alguns começam a apresentar delaminação. No caso dos para-brisas das aeronaves, a compreensão da corrosão na estrutura é bem conhecida, pelo que os factores de segurança adequados são incorporados e utilizados no programa e nos procedimentos de manutenção para atenuar as falhas totais do sistema.

A segurança é a principal preocupação da companhia aérea, do OEM e da FAA. É por isso que existem regras e regulamentos relativos ao fabrico e à operação de aeronaves. A manutenção tem de ser efectuada de forma rotineira para garantir uma boa fiabilidade dos sistemas da aeronave.

A Republic Airways avaliou imagens e relatórios de para-brisas removidos no terreno. O fabricante do equipamento original (OEM) está a trabalhar com a Republic para encontrar uma solução de poupança de custos para os para-brisas removidos. O OEM está a incentivar os operadores a inspecionar o para-brisas no canto dianteiro inferior para verificar se existe delaminação na área da zona de aquecimento elétrico. Um modo de falha por envelhecimento da humidade que entra em contacto com o sistema elétrico provoca a formação de arcos voltaicos. Se o para-brisas formar arcos voltaicos, é possível que a camada exterior de vidro se parta ou quebre. A camada exterior de vidro não é estrutural, mas a tripulação de voo ou de manutenção deve consultar a lista de equipamento mínimo principal da aeronave (MMEL) e/ou o manual de voo aplicável para conhecer as medidas a tomar em matéria de aeronavegabilidade. No relatório de janeiro de 2013,

uma análise revelou um elevado número de remoções de para-brisas do lado esquerdo e direito dos

Embraer E-Jet. A análise também mostrou que a principal causa de remoção do para-brisas foi a

delaminação. De acordo com Kolcum (1982), "... a delaminação é causada por uma combinação de

humidade, poluentes e pressão" (p. 84). Os para-brisas são fabricados e fornecidos pela PPG

Aerospace de Huntsville, Alabama, que é um dos maiores fabricantes de transparências

aeroespaciais do mundo. O Manual de Manutenção de Aeronaves (AMM) sugere uma verificação

de 1.000 horas para detetar a deterioração do vedante de humidade. De acordo com Adam

Kennamer, engenheiro de produto da PPG, "o vedante de humidade é o único acesso para a

humidade penetrar nas camadas da janela".

Figura 2: Selo de humidade na aeronave Embraer 170 mostrando as áreas susceptíveis de erosão e

de descolagem.

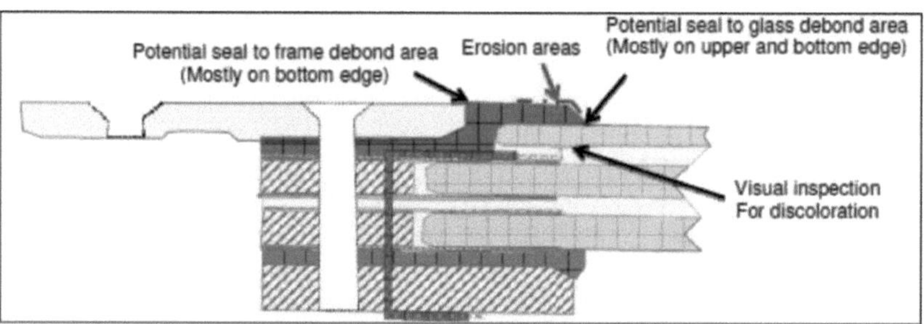

Nota: A imagem da vista em corte transversal foi retirada da apresentação em Power Point do PPG
(2013).

O objetivo deste projeto de investigação é estabelecer uma análise comparativa entre o atual

intervalo de verificação e a redução do intervalo em 500 horas. Ao efetuar uma distribuição

condicional de Weibull, o investigador testará se a verificação de manutenção atualmente em uso

deve ou não ser reduzida para aumentar a fiabilidade da vedação contra a humidade antes que

possam ocorrer falhas devido à entrada de humidade. Se o intervalo de manutenção for reduzido,

poderá ter os seguintes resultados: aumentar a fiabilidade, reduzir os custos para a República, aumentar a segurança e diminuir o tempo de inatividade da aeronave.

Este projeto de investigação vai ilustrar a forma como a empresa pode utilizar os dados de fiabilidade e o desempenho dos custos do para-brisas principal no âmbito do programa de manutenção de uma companhia aérea para desenvolver uma solução de manutenção optimizada. A Republic Airways é o exemplo perfeito de como o programa de manutenção de uma companhia aérea precisa de realizar análises de fiabilidade de rotina e métricas de desempenho de custos para desenvolver iniciativas empresariais para reduzir os custos diretos de manutenção (DMC). Especificamente, a investigação centrar-se-á na redução do intervalo entre as verificações de manutenção do vedante de humidade para reduzir o custo direto de manutenção da companhia aérea.

Este artigo analisa factores importantes que afectam a manutenção de aeronaves no que diz respeito à fiabilidade do sistema, à análise de Weibull, à otimização e ao desempenho dos custos. Posteriormente, esta investigação formula o modelo quase-experimental para minimizar os custos associados ao para-brisas principal, alterando o intervalo de manutenção do vedante de humidade para maximizar a fiabilidade. Além disso, esta investigação apresenta um caso real de uma companhia aérea em que os custos afectam a manutenção da aviação através dos resultados empíricos do método.

Resultados do programa

Resultado do programa #1
Os alunos serão capazes de aplicar os fundamentos do transporte aéreo como parte de um sistema de transporte global e multimodal, incluindo os aspectos tecnológicos, sociais, ambientais e políticos do sistema para examinar, comparar, analisar e recomendar conclusões.

Globalmente, o objetivo deste projeto é que as companhias aéreas e as empresas de fabrico trabalhem em conjunto e desenvolvam o intervalo de manutenção mais rentável para a manutenção dos vidros dos aviões. Há vários aspectos a considerar neste estudo sobre os para-brisas. Uma inspeção mais frequente resultaria em mais horas de trabalho. No entanto, a mão de obra para inspecionar e reparar o vedante de humidade é mais barata do que substituir a janela. Para reparar o vidro, um técnico pode demorar até 8 horas, tempo que permite que o vedante seque. O custo de 8 horas de manutenção e do vedante é de cerca de 800 dólares. O custo de uma janela nova é de 22.767 dólares. É de longe mais barato para a companhia aérea efetuar a manutenção do para-brisas do que comprar um novo. Um técnico de manutenção pode reparar um para-brisas 28 vezes antes de ser mais caro substituí-lo. O Manual de Manutenção de Aeronaves (AMM) enumera os procedimentos de reparação e os critérios de inspeção específicos para garantir uma reparação. O objetivo geral deste projeto é descobrir se existe um benefício estatístico na fiabilidade ao reduzir o intervalo de manutenção. A Republic Airways pode utilizar a abordagem de manutenção optimizada para aumentar a fiabilidade e reduzir o custo global do para-brisas. Este projeto abrange um objetivo comercial fundamental das companhias aéreas que representam uma parte do sistema de transporte multimodal global na indústria da aviação. Os custos dos para-brisas estão relacionados tanto com o material como com a mão de obra de manutenção. De acordo com Blanchard e Fabrycky, existe uma relação inversa não linear entre o custo e a fiabilidade, sendo que uma maior fiabilidade resulta num menor custo dos novos para-brisas ao longo do tempo. Para examinar, comparar e analisar os dados de modo a formar um conjunto, será utilizada uma aplicação de estatística através de uma distribuição de Weibull e de Weibull condicional, uma simulação de Monte Carlo e um método de análise de variância (ANOVA). De acordo com Watthanacheewakul, uma análise de variância dos dados Weibul pode ser utilizada para formular recomendações que serão práticas para o aspeto técnico deste domínio.

Resultado do programa #2

O aluno será capaz de identificar e aplicar a análise estatística adequada, para incluir técnicas de recolha de dados, revisão, crítica, interpretação e inferência na indústria da aviação e aeroespacial.

Neste projeto, o investigador utilizará uma distribuição de Weibull, uma distribuição de Weibull condicional, uma simulação de Monte Carlo e uma ANOVA para comparar e analisar os dados. O conjunto de dados de base foi fornecido ao investigador pela equipa de fiabilidade e extraído do sistema ERP da Ramco, Republic. Como referido anteriormente, haverá duas previsões: o intervalo de 1.000 horas e o intervalo de 500 horas. Em ambos os conjuntos de dados será efectuada uma distribuição de Weibull para determinar a fiabilidade do sistema de cada um. Os dados da distribuição de Weibull serão introduzidos na calculadora de Weibull condicional em reliabilityanalystics.com. As previsões de 1.000 e 500 horas serão então submetidas ao método de Monte Carlo para determinar que para-brisas falharão aleatoriamente. Os dados em cada conjunto serão separados em pontos de falha, pontos censurados e pontos de suspensão. Tal como referido anteriormente, os pontos de falha são as janelas que falharam devido à entrada de humidade. Os pontos censurados são todas as outras falhas, e os pontos de suspensão são as janelas que não falharam atualmente na aeronave. No modelo, os pontos de suspensão terão uma previsão de 5.000 horas para simular dois anos de operação.

Durante a análise, será utilizado um parâmetro de ajuste dos dados para determinar se o estudo será bem sucedido. Para medir os dados, o pesquisador usará um valor de Anderson Darling (AD) inferior a 200. Esse valor mostraria que o uso da Weibull no Minitab produziria um resultado preciso. Outro valor para determinar o sucesso é o valor R^2. O valor R^2, também conhecido como coeficiente de determinação, descreve o ajuste dos pontos de falha. Um bom ajuste, neste estudo, deve resultar em um valor maior que 0,97. Se as estatísticas da distribuição de Weibull resultassem num valor AD de 0 e num valor R^2 de 1, isso representaria um conjunto de dados de desgaste perfeito.

Se os resultados mostrarem que um AD maior que 200 e um valor de R^2 menor que 0,97, o pesquisador precisará reavaliar os outliers dos dados dentro daquele método de tratamento. Além da validação dos outliers, um gráfico de Weibull seria analisado para determinar as causas de uma AD alta e de um R^2 baixo. Após uma revisão dos gráficos de saída do Minitab 16, haveria

oportunidades para avaliar as inclinações de vários pontos de dados desviantes. Uma análise gráfica

seria então usada para determinar se os grupos de tratamento dos para-brisas são apropriados para

testar os dois grupos.

Resultado do programa #3

O aluno deverá ser capaz de utilizar, em todas as disciplinas, os fundamentos dos factores

humanos em todos os aspectos da indústria aeronáutica e aeroespacial, incluindo actos inseguros,

atitudes, erros, comportamento humano e limitações humanas, na medida em que se relacionam

com a adaptação dos aviadores ao ambiente aeronáutico, para chegar a conclusões.

O para-brisas do avião é muito importante para a segurança da tripulação e dos passageiros.

Se houvesse uma avaria catastrófica durante o voo, o piloto seria obrigado a desviar-se para o

aeroporto mais próximo disponível ou, pior ainda, provocar a queda do avião. A manutenção só

pode ser efectuada por técnicos de manutenção formados e licenciados pela FAA para os sistemas

da aeronave. Como já foi referido, este estudo afecta a frequência de reparação da tarefa de vedação

da humidade. Isto significa que os técnicos terão de passar mais tempo a inspecionar e a reparar as

janelas. Para a segurança contínua da aeronave, é muito importante que a manutenção seja

efectuada de forma rotineira e precisa, de modo a garantir padrões de segurança adequados. Este

estudo visa especificamente o intervalo de manutenção do vedante de humidade. Os factores

humanos são considerados uma parte importante na reparação do vedante de humidade.

Resultado do programa #4

O aluno será capaz de desenvolver e/ou aplicar métodos de investigação actuais relacionados com

a aviação e a indústria, incluindo a identificação de problemas, a formulação de hipóteses e a

interpretação de resultados para apresentar soluções na investigação de um tópico relacionado

com a aviação/aeroespacial.

Para este projeto, o investigador pretende estudar na área da Aeronáutica e Gestão da Aviação, que se centra na fiabilidade e otimização de sistemas. É fundamental que os pressupostos sejam realistas para desenvolver um bom resultado deste estudo. O objetivo desta tese é analisar o desempenho da fiabilidade do sistema geral do para-brisas principal do avião E-Jet da Embraer, para determinar se as alterações ao intervalo de inspeção ajudariam a atingir um objetivo de 10% de melhoria na fiabilidade do sistema. O problema, neste caso, são os elevados custos dos para-brisas principais devido à baixa fiabilidade do sistema devido à entrada de humidade. A hipótese é que, para aumentar a fiabilidade global do sistema, o intervalo de manutenção deve ser alterado para aplicar o intervalo de manutenção optimizado adequado. Para a especialização em Aeronáutica, esta englobará a utilização de estatísticas sobre o desempenho do sistema da aeronave, analisando a fiabilidade do sistema utilizando uma distribuição de Weibull e pressupostos baseados numa simulação de Monte Carlo. Isto inclui também a realização de uma análise dos resultados para mostrar o que pode ser feito para melhorar o tempo dos para-brisas principais antes da remoção. Em segundo lugar, na especialização em Gestão da Aviação, os dados dependem fortemente da gestão da manutenção da aviação e da redução dos custos operacionais das companhias aéreas. O projeto irá analisar especificamente a otimização do intervalo de inspeção para reduzir os custos. A minha posição na Republic Airways permite-me gerir projectos de iniciativas de redução de custos para os objectivos a longo prazo da empresa.

PO #5, 7 (Especializações: Aeronáutica e Gestão)

Aeronáutica

O aluno investigará, comparará, contrastará, analisará e tirará conclusões sobre tópicos actuais relacionados com a aviação, a indústria aeroespacial e a indústria aeronáutica, incluindo aerodinâmica avançada, desempenho avançado de aeronaves, sistemas de simulação, gestão de recursos de tripulação, meteorologia avançada, operações de aeronaves de asas rotativas e sistemas avançados de aeronaves/aves espaciais.

No cargo atual do investigador na Republic Airways, este projeto permitiu-lhe investigar tanto o custo como o desempenho dos dados do para-brisas. Como parte da especialização em Aeronáutica, o investigador desenvolveu uma hipótese que permite que o programa de manutenção e a direção façam uma escolha entre duas decisões. Esta escolha é entre manter o intervalo igual e alterá-lo para encontrar o intervalo de inspeção optimizado. Esta abordagem é diferente de outras que não valorizaram o problema sistémico do para-brisas. Existe um historial de mau desempenho do para-brisas e ninguém nos programas de manutenção foi capaz de fazer algo a esse respeito. O investigador foi levado a este projeto pela análise do desempenho e do custo do para-brisas através do Relatório de Sucata. O investigador decidiu utilizar ferramentas estatísticas e uma metodologia pré-determinada para analisar os resultados e apresentar uma conclusão que possa mostrar como melhorar o tempo de permanência dos para-brisas na aeronave antes da sua remoção. O para-brisas da aeronave faz parte da estrutura geral da aeronave, suportando cargas de superfície durante o voo.

Aviação Gestão aeroespacial

O aluno investigará, comparará, contrastará, analisará e tirará conclusões sobre tópicos actuais relacionados com a aviação, a indústria aeroespacial e a indústria da gestão, incluindo manutenção de aeronaves, segurança industrial, produção e aquisição, política internacional, investigação e desenvolvimento, logística, operações aeroportuárias e operações de companhias aéreas.

Este estudo engloba a manutenção de aviões e as operações das companhias aéreas. Esta especialização em Gestão analisa a ideia global de redução de custos em que este estudo se centra. O investigador desenvolveu dados que dependem fortemente da gestão das práticas de manutenção da aviação que envolvem a otimização do intervalo de inspeção. O objetivo do projeto é ajudar a determinar as melhores formas de otimizar a manutenção para reduzir os custos através do aumento da fiabilidade. Há muitos factores a considerar quando se desenvolve a manutenção para uma organização de companhias aéreas. O primeiro fator é a segurança, a companhia aérea é responsável pela segurança dos seus passageiros e da tripulação de voo. A FAA tem regras e regulamentos que regem a manutenção e as operações da companhia aérea para dar confiança aos passageiros e às tripulações de voo. O segundo fator são as operações de manutenção, os técnicos trabalham 24 horas por dia e são responsáveis pela execução de acções de manutenção na aeronave. Ao reduzir o intervalo de inspeção, este estudo afecta o pessoal de manutenção e obrigá-lo-á a passar mais tempo a examinar o selo de humidade. O objetivo deste resultado é desenvolver eficazmente um intervalo de manutenção que possa beneficiar tanto a companhia aérea como os técnicos de manutenção.

Declaração do problema

Os custos de manutenção da aviação são certamente os que mais afectam o resultado final de uma companhia aérea e a razão pela qual a maioria das companhias aéreas tem falhado historicamente. Se analisarmos o número de remoções de para-brisas cuja causa principal pode ser atribuída à entrada de humidade, verificamos uma taxa de falha prematura do para-brisas principal. Isto representa um custo de mais de 2 milhões de dólares por ano para a Republic Airlines. Examinado de perto, a Republic utilizou o relatório do conselho de revisão da manutenção para desenvolver inicialmente o intervalo de manutenção dos para-brisas. Esses dados foram fornecidos pela Embraer, e o intervalo de manutenção não foi alterado em mais de 10 anos. O programa dos E-Jets começou por ser um produto novo na indústria, em que os dados reais sobre o para-brisas se limitavam aos testes efectuados pelo fabricante. A Republic é, em última análise, responsável pelo desenvolvimento de um modelo preciso que prevê os intervalos de verificação de manutenção que afectam a fiabilidade e o custo dos componentes. Embora o programa de manutenção da Republic utilize métodos eficientes, não aplica métodos de otimização dos intervalos de manutenção dos componentes para minimizar os custos e maximizar a fiabilidade. Este estudo aplica um processo de distribuição de Weibull concebido exclusivamente para a companhia aérea para examinar a taxa de avarias do para-brisas principal, utilizando métodos para aumentar a fiabilidade e afetar o custo agrupado com os intervalos de verificação da manutenção.

Declaração da hipótese

Para aprofundar a ideia de redução do custo total na modelação da manutenção de componentes, este estudo faz uma forte distinção entre o método tradicional MSG-3, que faz parte do programa de manutenção da companhia aérea, do fabricante do equipamento original, e uma solução de intervalos de manutenção optimizados para as companhias aéreas em atividade. Para discutir o complexo papel da manutenção aeroespacial dentro de um novo quadro prático, teórico e metodológico, esta tese vai atingir dois objectivos. O primeiro objetivo é a introdução e a aplicação bem sucedida da análise de sobrevivência utilizando uma distribuição Weibull condicional e ANOVA para testar o intervalo de manutenção optimizado hipotético e os dados de falha para reduzir o custo total de um componente. O segundo objetivo é demonstrar uma alteração estatística significativa nos intervalos independentes do tempo, interagindo com a fiabilidade probabilística utilizando métodos e técnicas de análise de sobrevivência. De acordo com o gráfico abaixo, o investigador formulou a hipótese de que o atual intervalo de 1.000 voos ultrapassa o intervalo de manutenção optimizado para o vedante de humidade. Será aplicada uma lista de pressupostos a este estudo para testar a hipótese. A hipótese pode ser enunciada da seguinte forma: Ao reduzir o intervalo de inspeção de manutenção em 500 horas, aumentará a fiabilidade dos para-brisas em 10%. Esta investigação dará à Republic Airways uma ideia dos programas de manutenção a seguir para calcular o intervalo de manutenção optimizado para maximizar a fiabilidade e a eficiência económica dos componentes.

Figura 3: Diagrama da hipótese e ideia proposta para o intervalo de manutenção
optimizado.

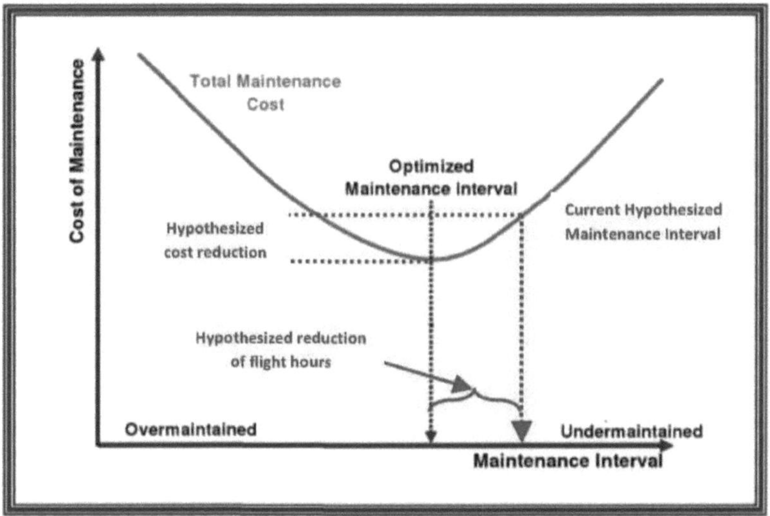

Nota: Gráfico modificado pelo investigador para demonstrar visualmente a hipótese da
investigação. Gráfico retirado de Smith, R., Hawkins, B. Lean Maintenance: Reduce Costs,
Improve Quality, and Increase Market Share, p. 29, (2004)

Importância do problema

Há quatro factores que contribuem para a importância do problema do para-brisas principal:
elevado custo de funcionamento, baixa fiabilidade dos componentes, elevado tempo de paragem e é
um item de segurança significativo no manual de reparação estrutural (SRM). A Republic Airways
está atualmente a registar um custo operacional elevado associado ao para-brisas principal. Em
2012, o custo total das peças de refugo ascendeu a 9 milhões de dólares. Os para-brisas são os
principais custos para a companhia aérea, com mais de 2 milhões de dólares, o que representa mais
de 22% do custo total da sucata da empresa. O próprio para-brisas custa cerca de 22 767 dólares
cada. O segundo fator é a baixa fiabilidade dos componentes. Atualmente, não existe um
procedimento de reparação para os para-brisas depois de terem sido expostos à entrada de
humidade. Quando ocorre a entrada de humidade, as camadas de acrílico começam a separar-se e a

humidade deteriora a camada interna de poliuretano, provocando a delaminação. Para fixar o para-brisas, o retentor tem de ser removido. Existe um risco muito elevado de danificar o para-brisas e o retentor após a remoção. Por conseguinte, a opção de reparar a camada interior não é aceite de acordo com as orientações da CMM e da AMM. O único método de reparação aprovado é enviar o para-brisas para o OEM. Uma vez que os vidros são removidos por delaminação, são considerados como estando fora de reparação económica (BER).

Os limites de aeronavegabilidade constam do AMM. Quando esses limites são ultrapassados, a aeronave não está apta a voar sem a substituição do para-brisas. São necessárias várias horas-homem para remover e substituir o para-brisas e, normalmente, são necessários pelo menos dois técnicos de manutenção. Para reparar o vedante da corcunda, pode demorar até 24 horas devido ao tempo de cura prolongado dos vedantes. A segurança dos passageiros e das tripulações de voo está em primeiro lugar em qualquer operação de uma companhia aérea. O para-brisas da série de E-Jets da Embraer é considerado um componente estrutural primário. De acordo com o acordo da Embraer no anexo G (2004), afirma-se que "são considerados elementos estruturais principais, concebidos e direcionados para suportar as cargas de voo e as cargas de inércia sujeitas a ocorrer durante as condições normais de operação de voo". Em última análise, a tripulação de voo tem autoridade para imobilizar a aeronave se considerar que a visibilidade através do para-brisas compromete a sua operação. **Objetivo do estudo**

Este estudo analisará três conjuntos de dados para testar a hipótese de que a redução do intervalo de inspeção de manutenção do vedante de humidade reduzirá o custo global do para-brisas, aumentando a sua fiabilidade. Os resultados da análise devem orientar as alterações ao programa de manutenção da Republic, tendo em consideração o custo, a fiabilidade e a segurança. Para realizar este projeto, será apresentado um resumo da literatura relevante e da revisão da investigação para apoiar o processo estatístico e formar uma conclusão lógica e uma recomendação para este estudo. A metodologia de investigação para estes resultados é apresentada nas secções seguintes: discussão dos resultados, conclusões do autor e recomendações.

Em última análise, o investigador gostaria que as informações recolhidas na revisão da investigação relevante e os dados desta investigação mostrassem à gestão superior o que é necessário avaliar para aumentar a fiabilidade global e reduzir os custos. Os dados encontrados na secção de resultados serão utilizados para comparar e contrastar a fiabilidade das falhas actuais entre os diferentes intervalos de inspeção para desenvolver um método para os programas de manutenção.

Limitações do estudo

Devido ao tempo limitado para concluir este estudo, o investigador vai realizar um modelo de distribuição Weibull condicional e uma análise de variância (ANOVA) para estabelecer uma previsão para determinar a variância da fiabilidade. As limitações para o investigador são as ferramentas disponíveis para o estudo. O investigador está limitado na disponibilidade de ferramentas de software estatístico. O investigador utilizará o Minitab 16, o Excel 2007 e o Reliabilityanalytics.com. No Excel 2007, o investigador armazenará os dados e utilizará o gerador de números aleatórios para simular o método de Monte Carlo para selecionar janelas com falhas aleatórias. O gerador de números aleatórios funcionará como uma simulação de Monte Carlo, que é uma prática comum no setor de confiabilidade. O Minitab tem a funcionalidade de efetuar uma distribuição de Weibull e tem sido um sistema de software de qualidade padrão comprovado na indústria. No entanto, é limitado em comparação com outras ferramentas no mercado, como o Weibull ++. Dito isso, o pesquisador estabeleceu um delimitador que avaliará o parâmetro de ajuste dos dados a partir do cálculo do Minitab. Reliabilityanalytics.com lista a fórmula e calcula a distribuição de Weibull condicional. A distribuição de Weibull condicional ou também conhecida como (Weibull truncada) fornece a probabilidade de falha para o próximo intervalo. O pesquisador usou isso para determinar a probabilidade de falha entre cada intervalo e, em seguida, usou o gerador de falhas aleatórias de Monte Carlo para simular uma previsão de falha com base nas entradas de cada Weibull gerada pelo Minitab. O intervalo atual foi implementado em agosto de 2012.

O investigador estará limitado à quantidade e à exatidão dos dados, uma vez que os únicos dados disponíveis provêm do sistema ERP Ramco da Republic. Os dados são introduzidos manualmente no Ramco pelos mecânicos de manutenção da Republic. Isto é importante para o estudo porque algumas das remoções de delaminação podem ser subjectivas em relação a quem faz parte da tripulação de voo. A manutenção é obrigada a substituir o para-brisas se o piloto o registar por razões de segurança. A quantidade de dados é determinada pelo número de falhas no sistema. Estes dados constituirão a base do estudo e não serão alterados na tentativa do investigador de apresentar um resultado e uma conclusão corretos neste exercício.

O investigador limitar-se-á ao Manual de Manutenção de Aeronaves (AMM) para as reparações efectuadas nos para-brisas. Uma vez que o vedante de humidade é reparado e não substituído, o resultado será um processo de reparação imperfeito. Este processo de reparação imperfeito implica que cada reparação ou inspeção terá uma probabilidade de falha diferente. A MVA afecta o processo e os procedimentos de reparação do vedante de humidade e a longevidade global do vedante de humidade. De acordo com o programa de manutenção, esta reparação é efectuada a cada 1.000 horas ou de quatro em quatro meses.

Pressupostos

O investigador partirá do princípio de que os dados fornecidos pela Reliability e pela Ramco são exactos. A FAA exige que as acções de manutenção realizadas por uma companhia aérea sejam exactas, registadas e conservadas durante dois anos. As tarefas de manutenção efectuadas pela Republic são registadas manualmente todos os dias.

O investigador parte do princípio de que as verificações de 1.000 e 500 horas podem ser efectuadas nas bases de manutenção e nas verificações intermédias (IM). A razão pela qual isto é um pressuposto é que a realização de um intervalo de inspeção mais baixo não irá interpor deficiências operacionais que resultem em tempos de inatividade mais longos e clientes insatisfeitos. Isto significa que os intervalos de inspeção serão efectuados durante os períodos de manutenção programada e não durante os períodos de funcionamento.

A fim de realizar este estudo num curto espaço de tempo, o investigador efectuará um modelo de previsão utilizando a distribuição condicional de Weibull. Este processo será realizado utilizando a calculadora da distribuição de Weibull condicional no sítio Web de análise da fiabilidade em www.reliabilityanalytics.com. O pressuposto assumido pelo investigador é que a utilização da calculadora é exacta. Este é um pressuposto importante para esta investigação. A calculadora fornece ao investigador a probabilidade de falha para cada intervalo. A razão para este pressuposto é que a exatidão do resultado afectará diretamente o resultado da investigação.

O pesquisador deve assumir que o resultado do Minitab é preciso e provou ser uma ferramenta confiável para engenheiros e cientistas. O Minitab será usado para gerar os gráficos e estatísticas de Weibull para o estudo. As estatísticas de Weibull serão usadas como entradas para a calculadora da distribuição condicional de Weibull no site Reliability Analytics.

O investigador deve também assumir que a função de números aleatórios do Excel 2007 é exacta. O investigador utilizará a função "Randbetween" no Excel para selecionar aleatoriamente as janelas que falharão. A saída da distribuição Weibull condicional fornecerá a probabilidade de falha para esta função em cada intervalo.

Cada aeronave voa em média 2.500 horas por ano. O investigador parte do pressuposto de que um modelo que preveja dois anos seria suficiente para ver alterações suficientes na fiabilidade. Assim, na essência, o modelo irá prever cada intervalo de 5.000 horas. O pressuposto é que 5.000 horas de previsão serão suficientes para aumentar a fiabilidade do sistema em 10% no total.

O investigador também parte do princípio de que todos os para-brisas recebidos pela

Republic Airlines são fabricados pelo OEM em conformidade com as normas de aeronavegabilidade aprovadas pela FAA e pela Embraer. Parte-se assim do princípio de que não existe qualquer defeito de conceção inerente ao para-brisas que mantenha a fiabilidade baixa.

O investigador parte do princípio de que os mecânicos das aeronaves têm formação para efetuar a inspeção e a reparação do selo de humidade. Todos os mecânicos devem ser licenciados pela FAA para efetuar trabalhos nestas aeronaves. Este pressuposto dá ao investigador a garantia de que os mecânicos podem efetuar corretamente as reparações do vedante de humidade.

Acrónimos

OEM - Fabricante de Equipamento Original

AMM - Manual de Manutenção de Aeronaves

CMM - Manual de Manutenção de Componentes

SRM - Manual de reparação de estruturas

FMEA - Análise do Modo e Efeito da Falha

LCC - Custo do Ciclo de Vida

FAA - Administração Federal da Aviação

IM - Controlo intermédio

ERP - Planeamento de Recursos Empresariais

ANOVA - Análise de Variância

BER - Beyond Economic Repair (Para além da reparação económica)

DMC - Custo Direto de Manutenção

MMEL - Lista Principal de Equipamento Mínimo

CAPÍTULO 2

Revisão da literatura

A análise da literatura incluirá várias áreas-chave na manutenção da aviação: (a) o desenvolvimento de programas de manutenção, (b) a estrutura da aeronave, (c) os para-brisas da aeronave, (d) as inspecções e reparações de manutenção, (e) e as aplicações comerciais das companhias aéreas, (f) a fiabilidade e as distribuições estatísticas. Toda a investigação efectuada sobre este tema foi encontrada na World Wide Web e em bases de dados de bibliotecas de investigação, como a LexisNexis, a EbsoHost e a ProQuest, nas quais foram utilizados muitos livros, periódicos e revistas. As palavras-chave consistiram em "procedimentos de manutenção na aviação", "Programa Embraer E-Jet", "Transparências PPG", "programas de manutenção na aviação", "intervalo de verificação de manutenção optimizado", "métodos estatísticos", "distribuições estatísticas" e "para-brisas de aeronaves". Os artigos explicam a importância do custo de manutenção, da segurança da aviação e dos intervalos de manutenção. A investigação está organizada de forma a explicar primeiro os antecedentes dos programas de manutenção, depois explora os métodos estatísticos de fiabilidade e, em seguida, avança para o sistema de janelas e a aplicação comercial desta investigação. A revisão da literatura que se segue ajudará a validar a informação contida na introdução deste projeto. A introdução ajudou a fornecer uma base deste estudo para ajudar o investigador a desenvolver um roteiro para validar alguns pontos importantes para formar o corpo desta investigação.

Desenvolvimento de um programa de manutenção

Entropia. A primeira pergunta que o investigador fez ao iniciar esta investigação foi: por que razão é necessária manutenção para manter o sistema de para-brisas? O investigador encontrou uma lei na física chamada "segunda lei da termodinâmica", que afirma que qualquer sistema organizado que seja exposto a elementos exteriores começará a deteriorar-se com o tempo. O resultado final desta deterioração, no que diz respeito ao sistema de para-brisas, é a falha da vedação contra a humidade, ou também pode ser designado por entropia. "A entropia é definida como o grau de desorganização de um sistema e é análoga à utilização do termo em termodinâmica" (Blanchard, B., Fabrycky, W., 2011, p 8). Assim, se a deterioração da junta de estanquidade à humidade for inevitável ao longo do tempo, devem ser tomadas medidas de manutenção para parar o processo que está a provocar a deterioração do sistema. Neste estudo de investigação, o termo "manutenção" inclui todas as acções técnicas destinadas a manter o sistema de para-brisas no seu estado original de fabrico.

Figura 4: Representação da entropia teórica num sistema.

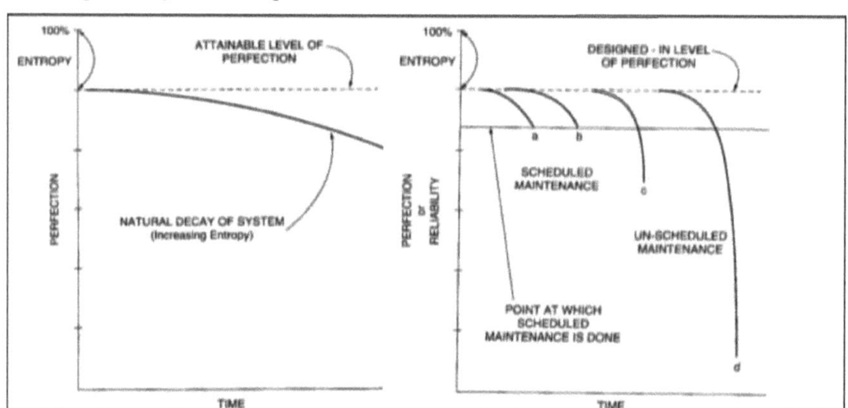

Nota: Gráfico retirado de Kinnison pg. 20 (2004).

Na fase de desenvolvimento, os engenheiros devem conceber sistemas que permitam alguma deterioração antes de ser necessária uma manutenção de rotina. Caso contrário, o sistema ou os subsistemas concebidos apresentarão taxas de fiabilidade baixas. Há muitos factores que têm de ser considerados quando os engenheiros desenvolvem sistemas para serem sustentáveis; um dos mais prevalecentes é o fator económico. Isto significa que, para que o sistema seja implementado, deve ser acessível ao utilizador. Outros factores incluem: fiabilidade, logística e designabilidade. Isto significa que, quando qualquer bem, incluindo o sistema de para-brisas da aeronave, é colocado em serviço, é concebido para oferecer mais do que o padrão mínimo de desempenho preferido pelo utilizador. "O que o bem é capaz de fornecer é conhecido como a sua capacidade inicial (ou fiabilidade inerente)" (Moubray, J., 1997, p 23).

Programa de manutenção. As companhias aéreas desenvolveram programas de manutenção que foram aprovados pela FAA para apoiar as suas aeronaves. Os programas de manutenção na aviação comercial foram desenvolvidos pelo sector da aviação utilizando duas abordagens básicas: a abordagem orientada para o processo e a abordagem orientada para a tarefa. "As diferenças entre estes dois métodos são duas: (a) a atitude em relação às acções de manutenção e (b) a forma como as acções de manutenção são determinadas e atribuídas aos componentes e sistemas" (Kinnison, 2004, p 15). "O método moderno para o sector da aviação comercial é a abordagem orientada para as tarefas. No entanto, existem muitas companhias aéreas que pilotam aviões mais antigos, como a FedEx, que ainda utilizam programas de manutenção orientados para o processo" (Kinnison, 2004, p 15).

A Embraer utilizou a abordagem orientada para as tarefas para o programa E-jet. "A abordagem da manutenção orientada para a tarefa utiliza tarefas de manutenção pré-determinadas para evitar falhas em serviço. Por vezes, são utilizadas redundâncias de equipamento para permitir a ocorrência de falhas em serviço sem afetar negativamente a segurança e a operação" (Kinnison, 2004, p 15). De acordo com Charlotte Adams, quando a Embraer estava a desenvolver programas de manutenção para os aviões E-Jet, utilizou os processos MSG-3. "MSG" significa Maintenance Steering Group (Grupo de Direção da Manutenção), desenvolvido pela Boeing em 1968. De acordo com Kinnison (2004):

> O processo MSG-3 é uma abordagem descendente ou uma abordagem de consequência da falha. Por outras palavras, como é que a falha afecta a operação? Não importa se um sistema, subsistema ou componente falha ou se deteriora... A falha é atribuída a uma de duas categorias básicas: segurança e económica. (p. 25)

O processo MSG-3 é uma modificação melhorada da abordagem MSG-1 e MSG-2. "O MSG-3 é um método racional para identificar as tarefas necessárias para garantir a segurança (Dubois, 2012, p.93)." Segundo a abordagem MSG-3, foram definidas oito tarefas de manutenção para os sistemas de fuselagem. Estas tarefas são atribuídas de acordo com os resultados da análise de decisão e os requisitos específicos do sistema, componente, etc. em causa. Estas oito tarefas são: Lubrificação, Manutenção, Inspeção, Verificação Funcional, Verificação de Funcionamento, Verificação Visual, Restauração, Eliminação.

Os aviões estão sujeitos a três fontes de deterioração estrutural, como se refere a seguir. De acordo com Kinnison (2004), as deteriorações estruturais são:

1. Deterioração ambiental. A deterioração física da força ou da resistência de um artigo a falhas em resultado da interação química com o seu clima ou ambiente. A deterioração ambiental pode depender do tempo.

2. Danos acidentais. A deterioração física de um artigo causada por contacto ou impacto com um objeto ou influência que não faz parte do avião, ou danos resultantes de erro humano ocorrido durante o fabrico, operação do veículo ou realização de manutenção.

3. Dano por fadiga. O início de uma fenda ou fendas devido a cargas cíclicas e a subsequente propagação dessas fendas. (p. 24)

A inspeção das estruturas dos aviões para determinar se ocorreu deterioração devido aos factores acima referidos requer vários graus de pormenor. De acordo com Kinnison (2004), o processo MSG-3 define três tipos de técnicas de inspeção estrutural, a saber

1. Inspeção visual geral. Um exame visual que detecta condições insatisfatórias óbvias ou discrepâncias. Este tipo de inspeção pode exigir a remoção de filetes ou a abertura ou remoção de portas ou painéis de acesso. Poderão ser necessários suportes de trabalho e escadas para facilitar o acesso a alguns componentes.

2. Inspeção pormenorizada. Uma inspeção visual intensiva de um pormenor, conjunto ou instalação específicos. Trata-se de uma busca de indícios de irregularidades utilizando uma iluminação adequada e, se necessário, meios auxiliares de inspeção, tais como espelhos, lentes de mão, etc. Pode também ser necessária a limpeza da superfície e procedimentos de acesso pormenorizados.

3. Inspeção especial pormenorizada. Um exame intensivo de um local específico. É semelhante à inspeção pormenorizada, mas com a adição de técnicas especiais. Este exame pode exigir técnicas como as inspecções não destrutivas (NDI): penetração de corante, ampliação de alta potência, partículas magnéticas, correntes de Foucault, etc. A inspeção especial pormenorizada pode também exigir a desmontagem de algumas unidades. (p. 24)

Uma explicação passo a passo do processo MSG-3 inclui: cada grupo de trabalho receberá informações sobre os sistemas e componentes, incluindo: a teoria de funcionamento, uma descrição do funcionamento de cada modo, os modos de falha de cada modo operacional, quaisquer dados disponíveis sobre as taxas de falha, taxas de remoção, tempo médio até à falha (MTTF), tempo médio entre remoções não programadas (MTBUR) para peças reparáveis e tempo médio até à remoção (MTTR). O fabricante da célula é responsável por fornecer esta formação e também por fornecer dados sobre o desempenho e a taxa de avarias.

Esta informação permitirá ao grupo analisar os diagramas lógicos e responder a perguntas para determinar as melhores soluções para o problema relacionado com a manutenção. Uma das primeiras coisas que o grupo determina é a natureza da falha: oculta ou óbvia. A próxima questão abordada é se o problema está relacionado com a segurança e se tem um impacto operacional. Isto leva o grupo a determinar a tarefa de manutenção e os intervalos necessários para efetuar a manutenção.

O processo MSG conduz a tarefas publicadas pelo fabricante da estrutura no documento aprovado pela FAA, o relatório do comité de análise da manutenção (MRB). "Este relatório contém os programas iniciais de manutenção programada para os operadores certificados dos EUA. É utilizado por esses operadores para estabelecerem os seus próprios programas de manutenção aprovados pela FAA, tal como identificados nas suas especificações de operações" (Kinnison, 2004, p. 28). "O MRB é um processo de aprovação do programa de manutenção que envolve a estrutura da aeronave, os operadores e as autoridades" (Dubois, 2012, p. 93).

Este relatório contém muitos aspectos necessários para um programa de manutenção. "O relatório MRB incluía o programa de manutenção de sistemas e centrais eléctricas, o programa de inspecções estruturais e o programa de inspecções zonais. Contém também diagramas de zonas da aeronave, um glossário e uma lista de abreviaturas e acrónimos. Para além do relatório MRB, o fabricante publica o seu próprio documento de planeamento da manutenção. Alguns fabricantes chamam a este documento o documento de planeamento da manutenção (MPD)" (Kinnison, 2004, p. 28).

As companhias aéreas utilizam normalmente três tipos de processos de manutenção. Estes processos são designados por "hard time" (HT), "on-condition" (OC) e "condition monitoring" (CM)" (Kinnison, 2004, p. 15). Um processo de hard time consiste na remoção e substituição do componente no intervalo determinado. A tarefa de inspeção do vedante de humidade é uma tarefa de manutenção em condições. "A manutenção em condições é um processo de prevenção de falhas que requer que o tempo seja periodicamente inspeccionado ou testado em relação a um padrão físico apropriado (limites de desgaste ou deterioração) para determinar se o item pode ou não continuar em serviço" (Kinnison, 2004, p. 19). Existem dois tipos de controlos de manutenção: operacionais e funcionais. O processo de manutenção em condições do selo de humidade permite a realização de uma tarefa de verificação funcional a cada 1.000 horas ou a cada 4 meses, consoante o que ocorrer primeiro. Um controlo funcional é "um controlo quantitativo para determinar se cada função de um artigo funciona dentro dos limites especificados" (Kinnision, 2004, p. 37).

Há dois objectivos principais do programa de manutenção de qualquer companhia aérea. O primeiro é "entregar veículos em condições de voar ao departamento de voo a tempo de cumprir o horário de voo" (Kinnison, 2004, p. 39). A segunda é "entregar esses veículos com todas as acções de manutenção necessárias concluídas ou devidamente adiadas" (Kinnison, 2004, p.39). Os cartões de tarefas são desenvolvidos pelo operador da companhia aérea ou pelo fabricante da estrutura e, normalmente, referem-se apenas a uma ação. De acordo com Kinnision (2004):

No entanto, grande parte do trabalho efectuado numa companhia aérea durante a verificação

de uma aeronave envolve a combinação de várias tarefas a realizar ... Para evitar

duplicações desnecessárias ... a maioria das companhias aéreas redige os seus próprios

cartões de tarefas para especificar exatamente o que fazer, utilizando os do fabricante como

guia (p. 65).

As companhias aéreas podem "identificar os seus próprios intervalos designados, desde que

mantenham a integridade do requisito original da tarefa de manutenção ou recebam a aprovação da

FAA para desvios" (Kinnision, 2004, p. 29). "A lógica do MSG-3 baseia-se nas consequências da

falha do sistema. O MSG-3 desliga a manutenção do agrupamento de várias tarefas em verificações

abrangentes. Cada tarefa tem o seu próprio intervalo de tempo (Dubois, 2012, p.93)." A alteração

do intervalo das tarefas é normal para os operadores das companhias aéreas, quer se trate de

aumentar ou diminuir o tempo.

Fiabilidade e capacidade de manutenção

De acordo com Samuel Benavides (2010), "atualmente, a teoria da fiabilidade é um domínio

maduro, estreitamente ligado à estatística matemática. (p.47)" Tal como indicado na parte das

hipóteses deste documento, o estudo do para-brisas aplica taxas de falha não lineares com um

processo de reparação de renovação imperfeito. Isto implica simplesmente que a taxa de falha do

vedante de humidade é inconsistente à medida que o tempo passa entre as verificações de

manutenção. A reparação de renovação imperfeita é quando a manutenção do vedante de humidade

é concluída e não restaura completamente o sistema da entrada de humidade.

Fiabilidade. De acordo com Blanchard e Fabrycky, a definição de fiabilidade é "a probabilidade de um sistema ou produto cumprir a sua missão de forma satisfatória ou, especificamente, a probabilidade de a entidade ter um desempenho satisfatório durante um determinado período, quando utilizada em condições de funcionamento especificadas. Esta definição inclui os elementos de probabilidade, desempenho satisfatório, tempo ou ciclo relacionado com a missão e condições de funcionamento especificadas."

A função de fiabilidade, também conhecida como função de sobrevivência, é determinada a partir da probabilidade de um sistema (ou produto) ser bem sucedido ou, pelo menos, num determinado momento t. A função de fiabilidade, R(t), é definida como

$$R(t) = 1 - F(t)$$

Onde F(t) é a probabilidade de o sistema falhar no tempo t. F(t) é basicamente a função de distribuição de falhas ou função de falta de fiabilidade. Se a variável aleatória t tiver uma função de densidade de f(t), a expressão para a fiabilidade é

$$R(t) = 1 - F(t) = \int_{t}^{\infty} f(t)dt$$

Taxa de falhas. A taxa de falhas que ocorrem num intervalo de tempo específico é designada por taxa de falhas desse intervalo. A taxa de falhas por hora é expressa como inserir equação A taxa de falhas pode ser expressa em termos de falhas por hora, percentagem de falhas por 1.000 horas ou falhas por milhão de horas. A taxa de falhas por hora é expressa como

$$\lambda = \frac{number\ of\ failures}{total\ operating\ hours}$$

Assumindo uma distribuição exponencial, a vida média do sistema ou o tempo médio até à falha (MTTF) é

$$MTTF = \frac{1}{\lambda}$$

Na figura 5, a curva da banheira mostra que a taxa de falhas é considerada relativamente constante durante a sua vida útil se a conceção do sistema for madura. Isto significa que, quando o sistema atinge um estado de maturidade, apresenta normalmente, no início, uma taxa de avarias elevada, resultante de problemas de qualidade na conceção do componente. Os mesmos resultados surgem quando o sistema atinge uma idade madura, a taxa de falhas aumenta, o chamado "período de desgaste".

Figura 5: Curva da banheira mostrando a taxa de falha típica dos componentes.

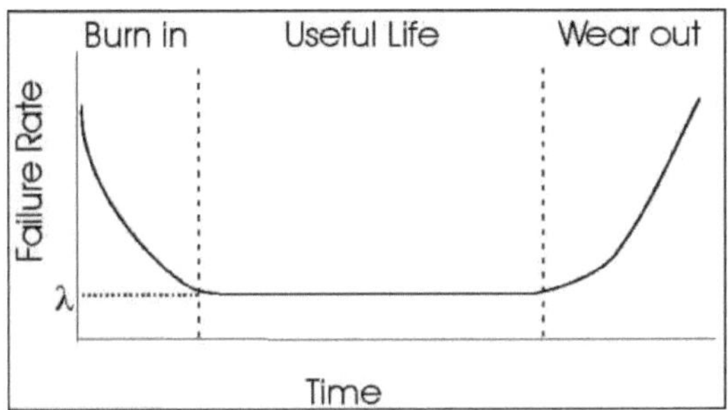

Nota: Jiantao Pan da Universidade Carnegie Mellon (1999). Recuperado de: http://www.ece.cmu.edu/~koopman/des_s99/sw_reliability/

Na verdade, a curva pode variar consideravelmente, dependendo do tipo de sistema que está a ser medido e do seu perfil operacional. Além disso, se o sistema estiver continuamente a ser modificado por uma razão ou outra, a taxa de falhas pode não ser constante durante a vida útil. De acordo com Blanchard e Fabrycky, a probabilidade é a principal estatística utilizada na definição de fiabilidade. É normalmente indicada em termos quantitativos para representar uma fração ou uma percentagem que especifica o número de vezes que se pode esperar que uma falha ocorra num número total de ensaios. Espera-se que as falhas ocorram em diferentes pontos no tempo; assim, as falhas são descritas em termos probabilísticos.

Processo de renovação. Existem dois tipos de processos de renovação: perfeitos e imperfeitos. Este estudo, tal como referido nos pressupostos, é um processo de reparação imperfeito. Um processo de renovação perfeito é um processo em que a peça é substituída por uma nova ou reparada de modo a cumprir as novas especificações do sistema. O

De acordo com Finkelstein, a reparação imperfeita é "quando um componente após a ação de reparação não está tão bom como novo (Finkelstein, 2008, p. 4)". Qualquer um dos dois tipos de processo de renovação pode produzir uma maior fiabilidade do sistema, que, por definição, só pode ser alcançada através da redundância da reparação do sistema. Para obter uma otimização do sistema, é necessário agir no sentido da redundância da manutenção. (Nakagawa, 2008, p. 3) *Figura 6*: O gráfico mostra uma representação da taxa de falha variável do processo de renovação imperfeita

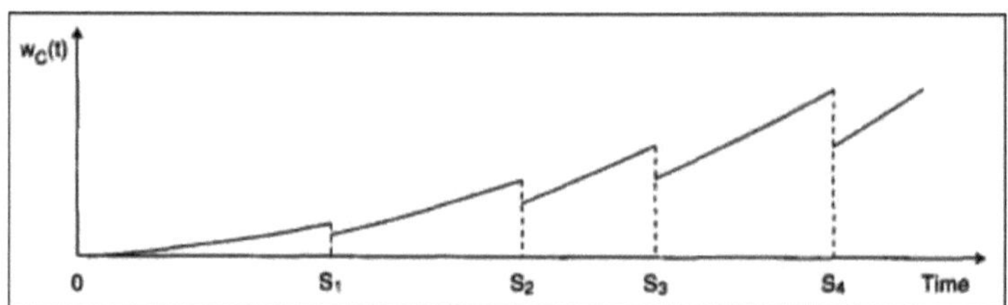

Nota: Gráfico retirado de H0yland, A., Rausand, M. (2004) p. 290.

De acordo com Vitali Volovoi, se não houver substituições de para-brisas novos, à medida que o tempo avança, a taxa de falha aumentará, indicando uma taxa de falha progressivamente mais elevada. Isto significa que há maiores probabilidades de a redundância de reparação não conseguir prolongar a vida do para-brisas ao longo do tempo através de reparações imperfeitas no vedante de humidade. De facto, a certa altura, a redundância estará totalmente degradada, resultando na falha do sistema. Isto significa que, independentemente da reparação que for feita ao para-brisas, este será considerado fora dos limites, de acordo com o manual de manutenção da aeronave, e terá de ser removido por avaria ou por não poder ser reparado economicamente. Suponhamos que o sistema é submetido a inspecções periódicas durante as quais os componentes avariados são imediatamente reparados como novos, ou substituídos, e o sistema é reposto no seu estado inicial. O processo resultante é normalmente designado por processo de renovação. Um tratamento exaustivo dos processos de renovação no contexto das políticas de manutenção é apresentado em. O efeito na taxa de risco resultante é óbvio: "quanto mais curto for o intervalo de inspeção, mais fiável é o sistema resultante (Volovoi, 2012, p. 12)." O cálculo abaixo mostra que n é o número de segmentos de inspeção idênticos, T é o tempo total no para-brisas e τ é o tempo de intervalo.

$$n = \frac{T}{\tau}$$

" De facto, ... se fizermos inspecções cada vez mais frequentes, a probabilidade de falha tenderá para zero, assumindo que as falhas são independentes (Volovoi, 2012, p. 12)." Quando uma peça falha, como o vedante de humidade, pode assumir-se que não será no momento da inspeção. Ou seja, as reparações não são imediatas à falha do vedante de humidade, o que poderia permitir a entrada de humidade durante o funcionamento e não ser detectada numa reparação programada. No entanto, demonstram a importância das reparações e da inspeção em redundâncias, bem como o significado da taxa de risco variável.

Manutenibilidade. "A facilidade de manutenção, definida no sentido mais lato, pode ser medida em termos de uma combinação de diferentes factores de manutenção (Blanchard, B., Fabrycky, W., 2011, p. 412)." Existem dois tipos de actividades de manutenção: A manutenção corretiva e a manutenção preventiva. As peças que falham num sistema e são substituídas são classificadas como manutenção corretiva. "Isto inclui a deteção inicial de falha(s), localização e isolamento de falhas (diagnóstico), acesso à desmontagem, remoção e substituição (ou reparação) de um componente defeituoso, remontagem, ajuste e/ou alinhamento (conforme necessário) e verificação final e verificação do desempenho adequado do sistema (Blanchard, B., Fabrycky, W., 2011, p. 412)." O outro tipo de manutenção é a manutenção programada, que pode ser classificada como manutenção preventiva. Este tipo de manutenção inclui, "fornecer inspeção sistemática, deteção, assistência técnica ou prevenção de falhas iminentes através de substituições periódicas de itens" (Blanchard, B., Fabrycky, W., 2011, p. 412).

No âmbito da análise da capacidade de manutenção, existem quatro métodos utilizados na indústria para prever com exatidão as normas de capacidade de manutenção. Esses métodos incluem: manutenção centrada na fiabilidade (RCM), análise do nível de reparação (LORA), análise das tarefas de manutenção (MTA) e manutenção produtiva total (TPM).

Manutenção centrada na fiabilidade (RCM). De acordo com Blanchard e Fabrycky, "a manutenção centrada na fiabilidade é uma abordagem sistemática para desenvolver um programa de manutenção preventiva e um plano de controlo para um sistema ou produto que seja orientado, eficaz e eficiente em termos de custos". Este método é utilizado principalmente para processos de melhoria contínua em programas de manutenção preventiva.

Na década de 1960, a indústria aeronáutica desenvolveu o método de manutenção centrado na fiabilidade. De acordo com Blanchard e Fabrycky, "pode ser realizado utilizando uma árvore de decisão estruturada que conduz o analista através de uma abordagem lógica "adaptada" para delinear a tarefa de manutenção preventiva mais aplicável.

Análise do nível de reparação (LORA). Ao considerar a conceção do sistema, é importante determinar se vale a pena reparar certas peças ou descartá-las quando falham. Quando é tomada a decisão de reparar, deve ser estabelecido o nível de manutenção (manutenção intermédia ou do fornecedor/depósito).

Análise das tarefas de manutenção (MTA). A MTA é dividida com os seguintes objectivos em mente: Em primeiro lugar, é necessário identificar os recursos necessários para apoiar o sistema. Isto inclui: o nível de competências dos técnicos, as peças necessárias para efetuar a reparação, as ferramentas, os requisitos de manuseamento e de instalações e os recursos informáticos. O passo seguinte é a avaliação da capacidade de manutenção do projeto.

O MTA é uma excelente ferramenta de avaliação para medir a infraestrutura de apoio. Permite obter feedback que, por sua vez, pode proporcionar alterações contínuas na conceção, o que permite a melhoria contínua dos processos e produtos.

Manutenção Produtiva Total (TPM). A manutenção produtiva total foi introduzida pelos japoneses para representar uma abordagem integrada do ciclo de vida, tornando a manutenção mais eficiente em termos de custos. Este conceito centra-se na ideia de que muitas fábricas estão a funcionar muito abaixo da sua capacidade devido, principalmente, a perdas de produção associadas ao tempo de inatividade e à manutenção da fábrica. Isto significa que os custos dos produtos aumentam e têm um impacto negativo nos consumidores e no mercado. Este facto levou os japoneses a tentarem reduzir os custos e a manutenção foi o principal alvo de oportunidade.

Análises estatísticas

A utilização da estatística de probabilidade é extremamente importante nesta investigação, comparando o tempo de falha entre os dois conjuntos de dados diferentes, tal como indicado na hipótese que partilha uma relação direta entre as falhas de componentes e o custo total ao longo do tempo. Existem muitas distribuições contínuas diferentes utilizadas para determinados tipos de situações em muitos sectores diferentes. Nesta aplicação da fiabilidade do para-brisas, o investigador utilizará uma distribuição de Weibull, que demonstrou demonstrar uma fiabilidade precisa dos dados de vida útil nos domínios da engenharia. A distribuição de Weibull gera um parâmetro de forma que é bastante útil em estatística e é importante conhecer bem a distribuição e as suas propriedades. Este estudo apenas examinará brevemente a distribuição de Weibull no que diz respeito ao estudo e descreverá as caraterísticas da distribuição. De acordo com Dodson (2006), "existem quatro funções de interesse primário para as distribuições estatísticas". Estas quatro distribuições são a função de densidade de probabilidade, a função de distribuição cumulativa, a função de fiabilidade e a função de risco.

Distribuição de Weibull. De acordo com Dodson (2013), "as distribuições de Weibull são frequentemente utilizadas devido à sua flexibilidade de representar taxas de falha que podem aumentar ou diminuir à medida que o tempo avança." Os dados, quando introduzidos num cálculo de Weibull, apresentam muitos parâmetros de forma diferentes $\beta > 1$, $\beta = 1$, e β entre 1 e 3,6, β entre 3 e 4, $\beta = 5$, etc.

Figura 7: Funções de densidade de probabilidade de Weibull.

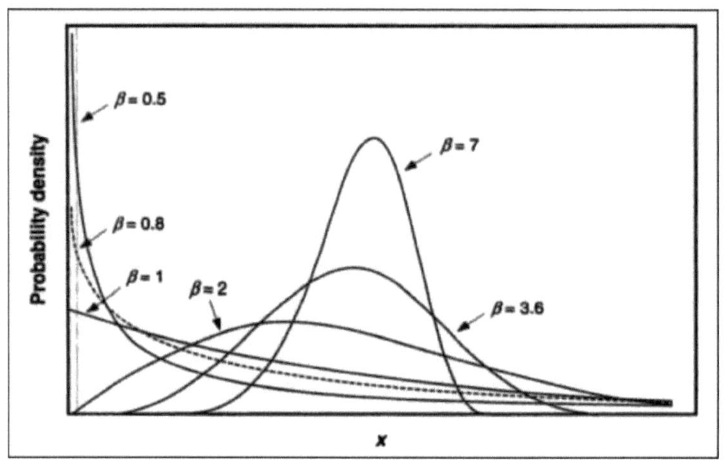

Nota: Gráfico retirado de Dodson, B. *The Weibull Analysis Handbook*, p. 7, (2006).

Uma distribuição de Weibull < 1 transforma-se numa distribuição exponencial que representa uma taxa de mortalidade infantil. À medida que a Weibull aumenta, aproxima-se do valor quando $\beta = 1$, o que representa um modo de falha que é aleatório na distribuição exponencial. À medida que o valor de Weibull continua a aumentar para $\beta = 2$, começa a representar uma distribuição de Rayleigh. Quando a forma se situa entre 1 e 3,6, aproxima-se de uma distribuição lognormal. Quando a forma se situa entre 3 e 4, representa uma distribuição normal. O desvio ou assimetria da distribuição de Weibull é minimizado quando o valor de β é igual a 3,6. Existe uma transição após β aumentar para além de 4, em que a distribuição se aproxima da distribuição normal com pico. Neste estudo, o investigador deseja que os dados representem uma distribuição normal em vez de distribuições aleatórias ou exponenciais. De acordo com Dodson (2013), a função de densidade de probabilidade de Weibull é definida como:

$$f(x) = \frac{\beta(x-\delta)^{\beta-1}}{\Theta^\beta} exp\left[-\left(\frac{x-\delta}{\Theta}\right)^\beta\right], x \geq \delta$$

O β (beta) representa o parâmetro de forma, o θ (theta) representa o parâmetro de escala e o δ (delta) representa o parâmetro de localização. A distribuição de Weibull tem algumas desvantagens envolvendo a estimativa de parâmetros. De acordo com Dodson (2013), "existem vários métodos para estimar os parâmetros da distribuição de Weibull, cada um com pontos fortes e fracos". Esses métodos incluem: plotagem de probabilidade, plotagem de perigo, máxima verossimilhança, estimativa de momento e estimadores lineares. O θ (theta) é o parâmetro de escala que também é conhecido como a vida caraterística do objeto. Dodson afirma que "63,2 por cento da população falha no ponto de vida caraterístico, independentemente do valor β (Dodson, 2006, p. 6)." De acordo com Wang (2010), "uma distribuição normal é definida apenas pelos parâmetros de localização (ou seja, média) e de escala (desvio padrão) (p. 228)." O δ (delta) é o parâmetro de localização na função Weibull. O parâmetro de localização para uma distribuição normal padrão é 0 com um parâmetro de escala de 1.

O sistema de para-brisas do Embraer 170 é tecnicamente irreparável depois de apresentar uma entrada de humidade que ultrapassa os seus limites de funcionamento, como já foi referido, e deixa de ser economicamente reparável. De acordo com Roberts e Mann (2003), "tem sido sugerido que os sistemas com modelos de fiabilidade não reparáveis são mais adequados utilizando a distribuição de Weibull do que o processo de Poisson não homogéneo". Nelson (2005) afirma que "para muitos dados de vida útil, a distribuição de Weibull é mais adequada do que as distribuições exponencial, normal e de valores extremos (p. 37)." O investigador optou por utilizar uma distribuição de Weibull para calcular a taxa de avarias ao longo da vida útil do para-brisas, em vez de um processo de Poisson não homogéneo, devido às ferramentas de software matemático de que o investigador dispõe. Caso contrário, o investigador teria preferido utilizar o processo de Poisson não homogéneo devido à sua vantagem de calcular com maior precisão λ em qualquer ponto do gráfico. Nelson (2005) descreve a função de distribuição cumulativa de Weibull, que calcula a fiabilidade com que uma unidade pode falhar com base num parâmetro de modelação conhecido e na vida caraterística da distribuição de Weibull. Esta fórmula trunca a distribuição num intervalo a partir do tempo zero. A fórmula é a seguinte:

$$F(y) = 1 - \exp\left[-(y/\alpha)^\beta\right]. \quad y > 0$$

Distribuição de Weibull condicional. Para que o investigador possa desenvolver um modelo de previsão, é necessário calcular a probabilidade de falha em cada intervalo. De acordo com Seymour Morris, do sítio Web reliabilityanalytics.com, é fornecida uma equação que calcula a probabilidade de falha de uma unidade, tendo em conta a vida caraterística (α), o parâmetro de forma (β) e a idade média atual. A probabilidade de falha é muito importante para este estudo porque é uma entrada para a simulação de Monte Carlo que o investigador utilizou para a falha aleatória das janelas neste estudo.

Figura 8: Diagrama de probabilidade de falha para a distribuição de Weibull condicional.

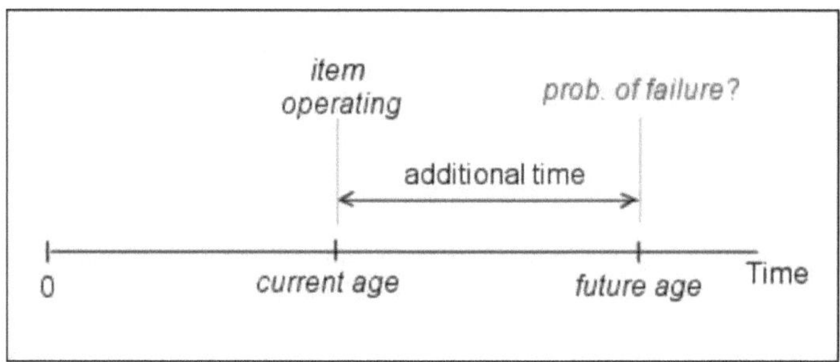

Nota: Diagrama retirado de http://reliabilityanalyticstoolkit.appspot.com/conditional _weibull_distribution (30 de novembro de 2013).

De acordo com Nelson (2005), "a função de distribuição condicional de uma distribuição Weibull condicional (ou truncada) do tempo Y até à falha entre as unidades que atingem uma idade y^1 é (p. 69)".

$$F(y|y^1) = 1 - \exp\left[(y^1/\alpha)^\beta - (y/\alpha)^\beta\right]. \quad y \geq y^1$$

O inverso é a fiabilidade da unidade para o intervalo. A distribuição de Weibull condicional é muito semelhante à distribuição cumulativa de Weibull. No entanto, a distribuição de Weibull condicional mede a variância entre a idade média e a idade esperada.

Análise de variância (ANOVA). A ANOVA é um procedimento utilizado pelos estatísticos para testar a hipótese, comparando as médias de dois ou mais conjuntos de dados iguais. Este método testa a hipótese nula de que todas as médias da população são iguais, enquanto a hipótese alternativa é diferente. Este estudo utilizará uma análise ANOVA unidirecional para mostrar a significância entre os dois grupos. Será efectuado um total de um teste ANOVA. O teste comparará a previsão de 1.000 horas e 5.000 horas com a média da previsão de 500 horas e 5.000 horas. O teste ANOVA resultará num valor p. De acordo com Statdirect.com, "O valor p ou a probabilidade calculada é a probabilidade estimada de rejeitar a hipótese nula". Um valor p inferior a 0,05 rejeita a hipótese nula e mostra uma diferença estatística significativa entre os grupos. Se o valor p for maior que 0,05, então a hipótese nula é estatisticamente comprovada como verdadeira.

Monte Carlo. De acordo com Kalos e Whitlock (2008), "o nome Monte Carlo foi aplicado a uma classe de métodos matemáticos utilizados pela primeira vez por cientistas que trabalhavam no desenvolvimento de armas nucleares em Los Alamos na década de 1940". Na sua essência, o "método de Monte Carlo é um gerador de números aleatórios (Kroese et al, 2013, p.1)". Sistemas de software como o Minitab e o Microsoft Excel têm parte disso funcionalmente através da função "rand". As aplicações do método de Monte Carlo

incluem os domínios da engenharia, da cadeia de abastecimento e das finanças. Mais pormenorizadamente, o método de Monte Carlo é um algoritmo computacional que utiliza amostragem aleatória que pode ser utilizada para simular uma previsão. Um algoritmo para uma simulação de Monte Carlo produz uma série de etapas: Inicialização, Transição, Saída e Repetição. A fase de inicialização consiste na seleção de um número a partir de uma determinada distribuição, Definido $t = 1$. O passo 2 é a fase de transição, que, por exemplo, pega nesse número e define $s_t = f(s_{t-1})$. A etapa seguinte é a fase de saída, que define $U_t = g(s_t)$. A última fase do processo é a fase de repetição, que define $t = t + 1$ e regressa à etapa 2 para repetir o processo novamente. O resultado do algoritmo produzirá uma sequência de números aleatórios (ou seja, u_1, u_2, U_3 ,...). Este gerador de números aleatórios depende de muitos factores e varia consoante as diferentes aplicações. Este estudo utilizará a simulação de Monte Carlo para prever remoções aleatórias numa escala de doze meses com base nos resultados da distribuição de Weibull. Cada conjunto de dados a ser medido, tratado e não tratado, produzirá uma sequência de valores aleatórios que representarão as remoções. A expressão de Monte Carlo utilizada no Excel 2007 para este estudo é a seguinte:

=IF(RANDBETWEEN(0,1000)<(probabilidade de intervalo),(horas de coluna)+(intervalo),("x") **Pontos de dados.** Nesta análise, existem três tipos de dados: pontos de falha, pontos censurados e pontos de suspensão. Os pontos de falha são os pontos em que a unidade falhou. Estes pontos não se alteram com o tempo e serão consistentes na análise. Os pontos censurados são pontos de falha, mas são classificados de forma diferente, neste caso, falhas sem entrada de humidade que estão fora do âmbito do estudo. De acordo com Zhao (2008), "os dados censurados surgem quando os pontos de tempo exactos em que as falhas ocorrem são desconhecidos. No entanto, temos conhecimento de que cada falha ocorre num determinado período de tempo." Os pontos de suspensão representam todos os outros pontos que a investigação tem de suspender no tempo para efetuar a análise. Estes pontos são pontos de não falha que continuam a aumentar ao longo do tempo. Os pontos de suspensão e os pontos censurados serão marcados com um "1" para os identificar com o conjunto de dados. Os pontos de falha serão marcados com um "0" e serão representados no gráfico de Weilbull.

Sistemas de para-brisas de aeronaves

"Antes da introdução da fuselagem pressurizada, um mecânico tinha a capacidade de conceber e executar uma reparação para praticamente qualquer parte da estrutura do avião" (Gamauf, 2012, p.44). À medida que os aviões se tornavam mais rápidos e voavam mais alto, as fissuras tornaram-se um problema sério. Os remendos na estrutura primária tornaram-se maiores e mais feios, exigindo frequentemente inspecções e substituições repetidas. Os remendos nas superfícies de controlo necessitavam de ser reequilibrados para evitar resultados possivelmente catastróficos de vibração ou vibração" (Gamauf, 2012, p.44). "É aqui que os engenheiros de estruturas, que possuem conhecimentos científicos sobre cargas, tensões e resistência dos materiais, são cruciais para desenvolver um esquema de reparação em condições de voar." (Gamauf, 2012, p.44).

Pressurização da aeronave. As companhias aéreas regionais, como a Republic, efectuam voos com distâncias mais curtas. Ao fazê-lo, estas aeronaves passam por um elevado número de ciclos de pressurização que adicionam tensão e compressão à estrutura da fuselagem. Os perfis de voo típicos dos jactos da Republic são de 1,43 horas por ciclo de pressurização. Isto é importante porque, à medida que a aeronave começa a pressurizar-se durante o voo, expande-se e contrai-se. Dependendo da quantidade de pressurização, isto provoca a expansão do vedante de humidade do para-brisas. O vedante de humidade é selado à camada exterior da janela e ao retentor de metal. É possível que estas superfícies se expandam e contraiam a ritmos diferentes, provocando tensões e fissuras ao longo do bordo do vedante.

Estrutura do para-brisas. Os para-brisas das aeronaves são constituídos por três camadas de Herculite® II, que é um vidro quimicamente reforçado, laminado em conjunto, principalmente com polivinil butiral (PVB) e um interlayer de poliuretano denominado (PPG-112). A camada intermédia encontra-se entre as camadas de vidro e mantém-nas unidas. A camada exterior é uma camada de vidro não estrutural e tem uma função anti-gelo, utilizando uma película de aquecimento Nesatron® para proporcionar uma visão clara em condições extremas. As outras duas camadas, a intermédia e a interna, têm tiras de fibra de vidro que são estruturais para a aeronave, concebidas para suportar a carga em caso de impacto.

Figura 9: Vista atual em corte transversal das camadas do para-brisas e da vedação contra a humidade (vedação da corcunda)

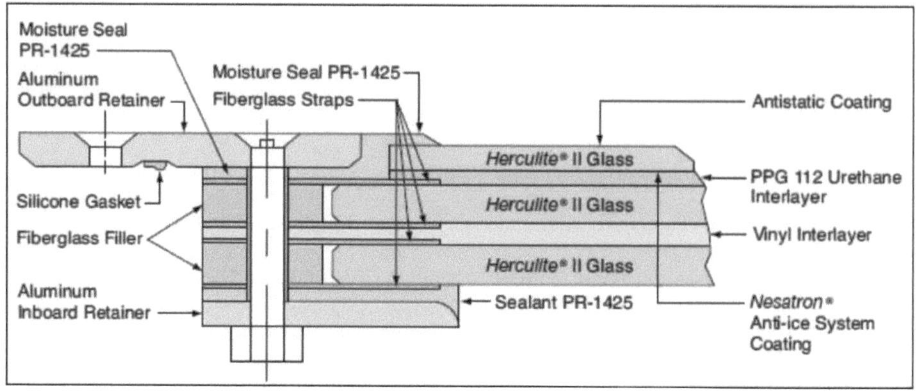

Nota: Imagem da vista em corte transversal retirada do Boletim de Transparência do PPG (2007).

Existe um vedante contra a humidade no retentor exterior que rodeia o para-brisas, denominado "vedante de corcunda". Impede que a humidade entre no para-brisas laminado, o que pode levar à entrada de humidade. Quando o avião voa, a erosão é causada pela força e pressão do ar durante longos períodos de tempo. Os primeiros sinais de deterioração podem ser detectados através de uma inspeção visual do vedante. À medida que o vedante se deteriora, fica desgastado nas extremidades superior e inferior. A Republic tem um cartão de trabalho de manutenção que fornece instruções para a reparação e limites de inspeção do vedante. A frequência da inspeção de manutenção do vedante é atualmente de 1.000 horas de voo ou de quatro em quatro meses, consoante o que ocorrer primeiro, conforme recomendado pelo Manual de Manutenção de Aeronaves (AMM). "A FAA exige que a manutenção seja efectuada em intervalos específicos e de acordo com normas aceites. A FAA também exige que este trabalho seja efectuado na data ou antes da hora marcada" (Kinnison, 2004, p. 39). Esta investigação ajudará a determinar se o calendário de inspeção de manutenção de 1.000 horas é demasiado longo, dando tempo ao vedante de humidade para ter uma entrada de humidade percetível, causando delaminação nos para-brisas.

A Republic Airlines avaliou imagens e relatórios de para-brisas avariados no terreno. O

OEM do fabricante do para-brisas está a trabalhar com a Republic para encontrar soluções para a fiabilidade dos componentes, analisando os para-brisas avariados, as desmontagens e a análise dos dados. O fabricante está a encorajar os operadores a inspecionar o para-brisas no canto inferior dianteiro para verificar a existência de delaminação localizada na área da zona de aquecimento elétrico. Um modo de falha por envelhecimento da humidade que entra em contacto com o sistema elétrico provoca a formação de arcos voltaicos. Se o para-brisas abrir um arco, é possível que a camada exterior de vidro se parta. A camada exterior não é estrutural e a tripulação de voo deve consultar a lista de equipamento mínimo do comandante da aeronave (MMEL) e/ou o manual de voo aplicável para as medidas a tomar.

Os para-brisas são um componente estrutural muito importante do avião e devem ser tratados com cuidado. A Republic Airways tem de abordar o período de tempo entre as inspecções e a possível utilização de um kit de reparação com o objetivo de manter a segurança em primeiro lugar. De acordo com Gamauf (2009), "a realidade é que os vidros são fundamentais para o funcionamento seguro do avião e requerem cuidados especiais no que respeita à sua reparação e substituição" (p. 40).

Humidade e corrosão. Existe um vedante contra a humidade que rodeia o retentor exterior do para-brisas, também designado por "vedante da corcunda". Impede que a humidade entre nas camadas laminadas do para-brisas, o que pode levar à entrada de humidade. À medida que a aeronave voa, o ar e a humidade exercem pressão sobre o vedante e provocam o seu desgaste ao longo do tempo. A Republic tem um cartão de tarefas de manutenção que define os limites de reparação e os critérios de inspeção do vedante. Este projeto ajudará a determinar se o vedante de humidade é a causa da entrada de humidade que provoca a delaminação dos para-brisas.

Razões para a remoção. Há muitas razões diferentes para a remoção, mas para este estudo o investigador categorizou os dados em dois conjuntos de falhas: entrada de humidade e não entrada de humidade. A razão pela qual isto é importante é que os danos causados por objectos estranhos e as remoções de baixa qualidade inerentes não foram incluídos neste estudo. A FMEA no Apêndice A lista as falhas devidas à degradação da vedação por humidade.

Os limites de remoção dos para-brisas constam do Manual de Reparação Estrutural (SRM). O SRM é "um manual que fornece ao operador as informações necessárias para efetuar determinadas reparações na estrutura da aeronave (Kinnison, 2004, p. 60)". Há várias razões para a remoção dos para-brisas. Existe também uma progressão de falhas que resultam numa remoção. O caminho para a remoção começa normalmente com a entrada de humidade que leva à delaminação, à degradação do barramento e das camadas intermédias, à deterioração do barramento e da junção da película de aquecimento, à formação de arcos na descontinuidade e, por fim, à fratura das camadas de vidro. De acordo com Chandler (2012):

> Quando a água está dentro da estrutura, ... congela e expande-se à medida que o avião sobe. Fissura a resina e aumenta a delaminação. As hipóteses são virtualmente de 100%. que uma vez criado algum tipo de imperfeição exposta ao ambiente. . a entrada de água começará. (p. 92).

A adesão descolada ocorre quando o selante se torna não adesivo ou cura de forma inadequada. Isto provoca a infiltração de humidade através dos bordos do vedante para a camada superior do vidro. Existem dois rebordos do vedante, um à frente e outro à retaguarda, que podem permitir a entrada de humidade nas camadas do para-brisas quando ocorre a descolagem. Isto acontece normalmente quando um técnico não utiliza selante suficiente durante a reparação do vedante de humidade. Ao examinar a FMEA, verificaram-se os quatro modos com a causa principal da entrada de humidade: Fissuração, delaminação, descoloração e falha do elemento sensor.

Rachaduras. A CMM afirma que as fissuras são causadas pela humidade entre as camadas intermédias do para-brisas. A água expande-se e contrai-se com grandes mudanças de temperatura. As fissuras ocorrem quando a humidade entra em contacto com o elemento de aquecimento e provoca um curto-circuito.

Delaminação. O OEM define a delaminação como a "descolagem do material entre camadas de qualquer uma das camadas de vidro e é considerada um problema ótico de segurança".

A delaminação não é considerada um problema estrutural porque normalmente ocorre apenas entre

a camada externa e a camada intermediária. Uma área delaminada pode ser transparente (clara) ou

translúcida (turva) se tiver ocorrido a entrada de humidade. Se a delaminação tiver progredido, a

obscuridade visual pode constituir um perigo potencial e um risco de segurança para a tripulação de

voo e os passageiros. A camada intermédia de uretano pode apresentar um aspeto "crepitante"

quando exposta à humidade ao longo do tempo.

A descoloração é definida como uma anomalia ótica, normalmente de cor preta, castanha ou

azul, em torno da periferia de uma janela. A descoloração preta ou castanha ao longo dos

barramentos eléctricos, dos fios condutores ou da película de aquecimento é uma possível indicação

de degradação. Inspecionar o sistema de aquecimento para verificar a existência de arcos voltaicos e

verificar as resistências do sistema de aquecimento.

Falha do elemento sensor. Existem dois elementos sensores no para-brisas, o que faria

deste sub-sistema do para-brisas um sistema paralelo em termos de redundância de fiabilidade. Os

elementos sensores medem e aplicam a corrente eléctrica que atravessa o para-brisas. Quando um

elemento sensor falha, não conduz o calor uniformemente através da camada superior do para-

brisas. Quando os elementos sensores funcionam fora dos limites operacionais, aumenta a

probabilidade de formação de gelo e de embaciamento. A avaria de apenas um elemento sensor não

exige a remoção da transparência. No entanto, em caso de avaria dos sensores primário e de reserva,

o para-brisas deve ser removido. Caso contrário, existe uma maior probabilidade de ocorrência de

arcos voltaicos. O arco voltaico é definido como uma descarga eléctrica através de uma

descontinuidade num fio, num barramento ou num condutor elétrico. Se for detectado um arco

voltaico, o OEM aconselha a não utilizar o sistema de aquecimento durante o voo para evitar a

fratura do vidro e a perda de visibilidade. A progressão da entrada de humidade pode subir através

da camada intermédia entre a camada superior e a camada intermédia onde o fio do elemento sensor está a conduzir eletricidade. Quando a humidade atinge os fios, ocorre um arco elétrico. Também podem ocorrer arcos nos pontos de fixação dos fios no bloco de terminais devido a uma ligação solta do parafuso de fixação. Esta condição pode também causar sobreaquecimento do bloco de terminais, o que aumenta o risco de fissuração das camadas de vidro.

Otimização do custo do ciclo de vida

Muitos sistemas são planeados, concebidos, produzidos, implantados e operados com muito pouca preocupação com a acessibilidade dos preços e com o custo total do sistema durante o ciclo de vida previsto, ou seja, o custo do ciclo de vida (CCV). O aspeto técnico é normalmente considerado em primeiro lugar, sendo o aspeto económico adiado para mais tarde. Em geral, a complexidade dos sistemas está a aumentar e muitos dos sistemas em uso não satisfazem plenamente as necessidades do cliente em termos de desempenho, eficácia e custo global. Estão a ser introduzidas novas tecnologias numa base contínua, ao mesmo tempo que os ciclos de funcionamento de muitos sistemas em uso estão a ser alargados. O tempo necessário para desenvolver e instalar um novo sistema tem de ser reduzido, a base industrial está a mudar rapidamente e os recursos disponíveis estão a diminuir. No que se refere à vertente económica, a experiência tem indicado que não só os custos de aquisição associados a um novo sistema têm vindo a aumentar, como também os custos de funcionamento e manutenção dos sistemas já em utilização têm aumentado substancialmente. Numa altura em que se regista um crescimento considerável dos custos, as dotações orçamentais para muitas categorias de sistemas estão a diminuir de ano para ano. O resultado líquido é que há menos dinheiro disponível para adquirir e operar novos sistemas e para manter e apoiar os sistemas que já estão em serviço. O custo do ciclo de vida é determinado identificando as funções aplicáveis em cada fase do ciclo de vida, calculando o custo dessas funções, aplicando os custos adequados por função num calendário anual e acumulando depois os custos de todo o ciclo de vida. Os custos do ciclo de vida incluem todos os custos de produção, do fornecedor, do cliente, do responsável pela manutenção e custos relacionados (Blanchard, B., Fabrycky, W., 2011, p. 570).

Processo de ciclo de vida. Todos os sistemas fabricados têm diferentes processos de conceção e decisões de gestão que, quando tomadas, têm um impacto significativo no custo do ciclo de vida. Em particular, as primeiras decisões a nível do sistema, tomadas durante as fases de conceção e de projeto preliminar, terão uma influência significativa nas actividades e nos custos associados às operações, manutenção e apoio do sistema, bem como na retirada e eliminação de materiais. Ao efetuar uma análise do custo do ciclo de vida, o analista deve seguir determinados passos para obter o resultado global desejado. Quando um operador de uma companhia aérea analisa o custo do ciclo de vida. Há três áreas que afectam o custo total de um componente: custo de manutenção, fiabilidade e material.

Custo de manutenção. Este é um fator elevado devido ao pessoal especializado que uma companhia aérea tem de contratar para reparar aeronaves. A FAA exige que apenas os técnicos certificados em estruturas e centrais eléctricas possam assinar as tarefas de manutenção efectuadas nas aeronaves.

Os custos de material são elevados devido à tecnologia e à investigação e desenvolvimento necessários para que as peças sejam dignas de serem utilizadas em aviões e para que o fornecedor seja selecionado. As peças também têm de ter a aprovação da FAA e demonstrar uma elevada fiabilidade.

Quando o custo anual da manutenção e/ou das operações difere entre alternativas de conceção, é importante formular uma função de custo do ciclo de vida que inclua o primeiro custo e os custos como base para escolher a melhor alternativa. (Blanchard, B., Fabrycky, W., 2011, p. 250)

Para muitos sistemas/produtos, o custo de manutenção constitui um segmento importante da vida útil total

custo do ciclo de vida. Além disso, a experiência indica que os custos de manutenção são significativamente afectados pelas decisões de conceção tomadas nas fases iniciais do desenvolvimento do sistema. Assim, é essencial que o custo total do ciclo de vida seja considerado como um parâmetro de conceção importante, a começar pela definição dos requisitos operacionais do sistema. De particular interesse é o aspeto da economia na execução das acções de manutenção. A capacidade de manutenção está diretamente relacionada com as caraterísticas da conceção do sistema que, em última análise, resultarão na realização da manutenção a um custo global mínimo. Ao considerar os custos de manutenção, os seguintes índices relacionados com os custos podem ser adequados como critérios na conceção do sistema:

1. Custo por ação de manutenção

2. Custo de manutenção por hora de funcionamento do sistema

3. Custo de manutenção por mês

4. Custo de manutenção por missão ou segmento de missão

5. O rácio entre o custo de manutenção e o custo total do ciclo de vida.

A minimização dos custos é a operação de manutenção que consiste em não efetuar uma manutenção desnecessária (aumento dos custos de mão de obra, mais tempo de produção fora de linha, etc.) e também em não falhar a manutenção necessária (redução da fiabilidade do equipamento, falhas do equipamento, tempo de paragem da produção). Embora se trate de um conceito simples, alcançar este equilíbrio é a base da manutenção Lean. A forma de atingir este equilíbrio requer uma engenharia de fiabilidade sólida aplicada ao sistema de Manutenção Produtiva Total (TPM), empregando técnicas de Manutenção Preditiva (PdM) e monitorização da condição (CM). A utilização de elementos da Manutenção Centrada na Fiabilidade (RCM) é talvez o melhor método para atingir este equilíbrio e equilibrar tudo isto para dar sentido aos intervalos óptimos de manutenção no segredo do controlo dos custos de manutenção" (Lean Maintenance, p 29).

Intervalo de manutenção optimizado. A vida útil óptima de um ativo pode ser projectada a partir do conhecimento do seu primeiro custo e da estimativa dos custos de manutenção e operação. De acordo com Jardine e Tsang (2013), "...desde que se possa assumir que o item tem tempos de falha que podem ser descritos por uma distribuição de Weibull, e que o objetivo é minimizar o custo total." Geralmente, o objetivo é minimizar o custo equivalente anual ao longo da vida útil. Esta vida útil óptima é também conhecida como vida útil de custo mínimo ou intervalo de substituição ótimo. Os custos de funcionamento e manutenção aumentam geralmente com o aumento da idade do equipamento. Esta tendência crescente é compensada por uma diminuição do custo anual equivalente da recuperação de capital com o retorno. Isto significa que, durante algum tempo, existirá um custo mínimo de ciclo de vida ou uma vida útil de custo mínimo. Se o valor temporal do dinheiro for negligenciado, o custo médio anual do ciclo de vida de um ativo com um custo de manutenção em constante aumento é (Blanchard, B., Fabrycky, W., 2011, p. 253)

Além disso, de acordo com Jardine (2013), os gráficos de Glasser fornecem uma indicação dos benefícios económicos de mudar o item no momento de substituição ideal, em oposição a uma política de execução até à falha. Uma vez que a Weibull é tão flexível, os gráficos de Glasser são muito úteis para identificar rapidamente o melhor momento de substituição de um item e estabelecer as poupanças que podem resultar da implementação da política. Se as poupanças económicas forem compensadoras, pode ser vantajoso utilizar um dos modelos de substituição clássicos para determinar com maior precisão o tempo de substituição económico. Uma outra vantagem da utilização do modelo é o facto de se obter uma imagem muito clara da forma da curva de custos totais em torno da região em que se encontra a solução óptima. Como mencionado anteriormente, este conhecimento pode ser muito valioso para a direção na tomada de uma decisão final.

Resumo da revisão da literatura

A partir da revisão da literatura, o investigador considerou a revisão da literatura muito informativa no domínio da engenharia da fiabilidade. Toda a informação contida na revisão da literatura forneceu ao investigador a compreensão de como executar a metodologia para concluir o projeto. A hipótese é que a redução do intervalo de inspeção de manutenção de 1.000 horas de voo para 500 horas reduzirá o número de remoções do para-brisas principal e resultará numa melhoria da fiabilidade de 10%. A hipótese nula seria a de que a redução do intervalo de inspeção para 500 horas não teria qualquer efeito na fiabilidade dos para-brisas. A literatura incluiu a procura de informações sobre o desenvolvimento de um programa de manutenção aeronáutica, a utilização de uma distribuição de Weibull para uma análise estatística, a distribuição condicional de Weibull e modelos que utilizam métodos de Monte Carlo no Excel 2007. A revisão da literatura forneceu a investigação anterior necessária ao investigador para prosseguir com a metodologia deste estudo.

A revisão da literatura começou com o desenvolvimento de programas de manutenção, em que o investigador estabeleceu uma definição de entropia, razão pela qual é necessária a manutenção do vedante de humidade do para-brisas. A literatura também mostrou que o processo MSG-3 foi utilizado para estabelecer um programa de manutenção para os para-brisas, que foi aprovado pela companhia aérea.

O desenvolvimento de programas de manutenção foi levado à secção de fiabilidade e facilidade de manutenção da literatura. Nesta secção, foi estabelecida a definição de fiabilidade e de facilidade de manutenção, bem como o seu papel neste estudo. Outro aspeto importante a considerar foi o processo de reparação de renovação. A literatura explica dois tipos de processos de renovação: perfeito e imperfeito. Ambos os processos prolongam a vida útil da peça e a literatura apresenta as diferenças entre os dois processos.

Na secção de estática, foram fornecidas informações de base para apoiar a utilização da distribuição de Weibull em geral e de outras ferramentas disponíveis. Também forneceu definições para a distribuição de Weibull, Weibull condicional, Monte Carlo e pontos de dados utilizados no estudo.

A literatura sobre o para-brisas foi outra secção que descreveu em pormenor as partes do para-brisas observadas neste estudo e, mais importante ainda, os motivos da remoção. Nesta secção, o investigador utilizou a literatura do fabricante de equipamento original (OEM) para a descrição da avaria do para-brisas. É importante para esta investigação que a literatura descreva a vedação contra a humidade e, em seguida, enumere as definições dos motivos da remoção. A revisão da literatura permite descrever: como a utilização da estatística e da manutenção pode otimizar o intervalo de manutenção para reduzir os custos e aumentar a fiabilidade de um sistema.

De um modo geral, o investigador obteve um conhecimento profundo da investigação e ficou surpreendido em alguns casos. A primeira foi a utilização de diferentes análises estatísticas e a razão pela qual a utilização da distribuição de Weibull seria a mais eficaz. A partir da literatura, o investigador optou pela utilização de uma distribuição de Weibull devido à sua versatilidade no ajuste de distribuições de tempo até à falha. A literatura também orientou o investigador a realizar uma simulação de Monte Carlo para os dois conjuntos de dados afectados. Isto foi feito para simular a afetividade aleatória e representar o que as alterações no intervalo de inspeção teriam feito.

CAPÍTULO 3

Metodologia de investigação

O objetivo deste estudo quantitativo é testar a hipótese utilizando a distribuição condicional de Weibull para determinar se a redução do intervalo de manutenção do vedante de humidade aumentará a fiabilidade do sistema em 10% e reduzirá o custo global dos para-brisas da Republic Airlines. Na introdução deste projeto de investigação, colocou-se a hipótese de o vedante de humidade, que impede a entrada de humidade na camada intermédia do para-brisas, estar a ser alvo de uma manutenção insuficiente por parte do operador da companhia aérea. Esta teoria foi descrita na declaração da hipótese no primeiro capítulo. Na realização desta investigação, havia vários métodos estatísticos que poderiam ter sido utilizados para mostrar o tempo médio até à falha (MTTF) do para-brisas. O MTTF é o valor de vida caraterístico da estatística de Weibull e ajudará a estabelecer a relação entre a fiabilidade das populações do grupo. Estes métodos incluem: as distribuições binomial, exponencial, de Poisson e de Weibull. A listagem de todos estes métodos de distribuição permite concluir que nem todos são aplicáveis em todas as situações. O investigador optou por utilizar o método da distribuição de Weibull para determinar a vida útil caraterística dos para-brisas em vez do processo de Poisson não homogéneo (NHPP) devido à versatilidade da distribuição de Weibull e à disponibilidade limitada do investigador para aplicar a fórmula sem a ferramenta de software estatístico matemático correta. Tal como referido na revisão da literatura sobre métodos de distribuição estatística, verificou-se que o modelo de Weibull é tão útil para prever taxas de falha em sistemas mecânicos como o processo de Poisson não homogéneo.

Descrição dos conjuntos de dados

Haverá dois conjuntos de dados diferentes: o intervalo de 1000 horas e o intervalo de 500 horas. Os conjuntos de dados serão categorizados em dois grupos de dados: os pontos de falha e os pontos censurados. O conjunto de dados de base é constituído pelas horas de voo actuais, tanto do para-brisas ativo como do falhado. O investigador desenvolverá um modelo utilizando a distribuição condicional de Weibull para truncar a probabilidade de cada intervalo. Os conjuntos de dados serão realizados utilizando o intervalo de 1.000 horas e os conjuntos de dados do intervalo de 500 horas serão tratados com os pressupostos. Os dados tratados terão uma redução de 500 horas de voo aplicada ao intervalo de inspeção para o selo de humidade nos para-brisas da Embraer. O segundo conjunto de dados será o de dados não tratados. Ou seja, não haverá qualquer alteração no atual intervalo de inspeção. Os dados não tratados serão transferidos para o Ramco, o sistema ERP da Republic, para recolha de dados. Os dados não tratados serão dados históricos que já foram observados. A população total de janelas, que é superior a 250 unidades, deve ser suficiente para realizar este estudo. O investigador utilizará ferramentas estatísticas para encontrar a significância entre os três grupos.

Ferramentas estatísticas

Para a análise dos dados, foi utilizada uma ferramenta de software estatístico para aplicar testes estatísticos e traçar gráficos. A ferramenta, Minitab, permitiu a utilização de dados paramétricos de falhas censuradas para gerar curvas de Weibull, desenvolvendo as estatísticas para os intervalos de 1.000 e 500 horas. Além disso, o Minitab foi capaz de fornecer uma série de testes gráficos e estatísticos, como a determinação do valor p, o teste t, gráficos de sobrevivência e gráficos observados versus esperados. A versão do software utilizada no trabalho foi a versão 16 do Minitab.

O investigador utilizou a ferramenta de distribuição Weibull condicional do sítio www.reliabilityanalytics.com. Esta ferramenta recebe dados da Weibull produzida a partir da ferramenta Minitab após cada intervalo e produz a probabilidade de falha para o intervalo seguinte. Por exemplo, a Weibull de base tem uma forma de 2,60, uma vida útil caraterística de 12887,80, a média dos para-brisas activos actuais de 4401,52 e o intervalo de entrada. A saída da ferramenta fornece a probabilidade de falha para o próximo intervalo.

O investigador também utilizou o Microsoft Excel 2007 para efetuar uma simulação de

Monte Carlo que seleciona os vidros avariados dada a probabilidade de avaria da distribuição condicional de Weibull. Os dados gerados pela distribuição de Weibull serão utilizados para prever o número de falhas a aplicar ao custo total dos para-brisas entre os dois intervalos: 1.000 e 500.

Medida da fiabilidade do sistema

Os dados relativos às falhas dos para-brisas serão fundamentais para calcular o tempo médio até às falhas (MTTF). Tal como referido na análise da literatura, o MTTF é um cálculo padrão da indústria utilizado por grupos de engenharia para fins de fiabilidade e manutenção. O investigador utilizará um cálculo Weibull para determinar o MTTF e uma distribuição Weibull condicional para determinar a probabilidade de falha entre intervalos.

Procedimento

Para testar as hipóteses deste projeto de investigação, o investigador desenvolveu um conjunto de etapas do processo que foram mapeadas no Visio no Apêndice A. Estas etapas ajudarão a verificar e a orientar o método que o investigador utilizou neste estudo. Estas áreas serão medidas para mostrar uma conclusão lógica baseada nos pressupostos que formaram a hipótese nula.

A primeira etapa do processo consiste em obter os dados de base. Para realizar esta tarefa, a investigação contactou o departamento de fiabilidade da Republic para obter os dados. Os dados foram extraídos do Ramco. Os dados consistiam em saber quais as janelas que se encontravam atualmente no avião e quais as janelas que falharam no passado. Estes dados foram fornecidos ao investigador sob a forma de uma folha de cálculo do Microsoft Excel 2007. Os dados consistiam no estado (instalado ou removido), nas horas e no valor de censura (0,1). Estes dados contêm todos os dados de que o investigador necessitava para formar a fiabilidade da linha de base deste estudo. Os dados serão armazenados num livro de cálculo do Microsoft Excel 2007.

A segunda etapa é a etapa de identificação; o investigador rotulará o modo de falha principal do conjunto de dados do para-brisas. O investigador utilizou a literatura do manual de manutenção de componentes (CMM) para estabelecer os modos de falha. Cada modo de falha descrito no CMM tem uma descrição que ilustra a causa principal da remoção. Os dados das falhas serão classificados em duas categorias diferentes: entrada de humidade e não entrada de humidade. Tal como referido na introdução do projeto de investigação, o investigador só vai testar as falhas causadas pela entrada de humidade. De acordo com a revisão da literatura, a entrada de humidade é responsável pela delaminação, descoloração, fissuração, danos na vedação da lombada e falha do elemento sensor. Estes modos de falha causam a maioria das remoções de para-brisas. A partir daí, o investigador irá rotular os dados ainda mais. As falhas de entrada de humidade serão os pontos de falha no conjunto de dados e serão rotuladas com um "0". Todas as outras falhas e não-falhas serão rotuladas como ponto censurado ou ponto de suspensão com um valor de "1".

Na terceira etapa, o investigador apresenta o modelo de previsão utilizado para testar a hipótese. Serão efectuadas duas previsões no total: a primeira utiliza o intervalo de 1.000 horas e a segunda utiliza o intervalo de 500 horas. Ambas as previsões estimarão o número de falhas nas próximas 5.000 horas de voo. Na primeira parte desta etapa, o investigador abre o Minitab e introduz os dados de base (estado, horas e valor de censura). Em seguida, o pesquisador executa uma Weibull nos dados de linha de base selecionando Stat > Confiabilidade/Supervivência > Análise de distribuição (censura à direita) > Análise de distribuição paramétrica no Minitab. Na caixa de texto das variáveis, o pesquisador selecionou a coluna hora. Em seguida, nas opções de censura, o pesquisador selecionou a coluna de censura nos dados. Isso produz um gráfico de Weibull com uma tabela de estatísticas. Depois que o gráfico foi criado, o pesquisador abriu o kit de ferramentas de análise de confiabilidade. As estatísticas são então inseridas na calculadora da distribuição de Weibull condicional no site da Reliability Analytics, em http://reliabilityanalyticstoolkit.appspot.com/conditional_weibull_distribution. A forma de Weibull, a escala e a média da idade do ponto de suspensão são inseridas na calculadora a partir da saída da Weibull do Minitab. As outras entradas são o intervalo, as unidades de medida de vida, o percentil mediano e o número de casas decimais na saída. O intervalo que o pesquisador modelou primeiro foi a entrada de tempo adicional de "1.000", com "horas" como a medida de vida, usou o padrão "50%" como a mediana e a saída para resultar em "3" casas decimais. O mesmo foi feito para o intervalo de 500 horas, tendo o investigador apenas alterado a entrada de tempo adicional para 500. Em seguida, o investigador pegou no resultado da probabilidade de falha para cada uma das distribuições Weibull condicionais calculadas e introduziu-o no separador do Excel 2007 com os dados de base. No Excel 2007, o investigador selecionou o separador "Fórmulas" e definiu a opção de cálculo como manual em vez de automático. O investigador achou mais fácil separar o separador

1.000 do separador 500 para manter todas as operações organizadas. Em seguida, o investigador efectuou uma simulação de Monte Carlo utilizando a função de gerador de números aleatórios do Excel. Foi aberto um novo separador do Excel e todos os pontos de suspensão da linha de base foram colados nas colunas A, B e C. Um exemplo abaixo mostra as colunas no Excel 2007.

Quadro 1:   Exemplo de cabeçalhos de colunas para dados de base.

A	B	C
Status	Censor	Baseline

Nota: Gráfico criado a partir do Excel 2007 (30 de novembro de 2013).

Na coluna D, o investigador aplicou a função geradora de números aleatórios aos pontos de suspensão (janelas não falhadas). A função foi,

=if(randbetween(0,1000)>(probabilidade de falha), base de referência + 1000, "x")

Esta função destina-se a simular falhas para os restantes pontos de suspensão nos dados. De seguida, o investigador copiou todos os pontos de estado, de censura e de falha para as colunas D, E e F.

Quadro 2:   Exemplo de cabeçalhos de colunas para dados de base.

D	E	F
Status	Censor 1	First Check Hours

Nota: Gráfico criado a partir do Excel 2007 (30 de novembro de 2013).

A função prolonga as horas em 1.000 para os pontos de suspensão na coluna F, exceto se o resultado for um "x", caso em que será tratado como uma falha. A nova falha teria então o seu valor de censura alterado para "0" e uma nova janela com início nas horas "0" seria introduzida no final da coluna de D, E e F numa nova linha. O gerador de números aleatórios era o mesmo para o intervalo de 500 horas, exceto que, se o cálculo fosse considerado verdadeiro, só se aplicaria a 500

horas.

=if(randbetween(0,1000)>(probabilidade de falha), linha de base + 500, "x")

Em seguida, o pesquisador iniciou mais três colunas G, H e I para a segunda verificação. Os

dados das colunas E e F foram então copiados e colados no Minitab para outra distribuição de

Weibull. Os resultados da Weibull são então introduzidos na calculadora analítica de fiabilidade e o

investigador recebe uma nova probabilidade de falha para o intervalo seguinte. O investigador

continuou a alargar as colunas até ter resultados suficientes para efetuar o estudo. O investigador

efectuou estes passos cinco vezes para o intervalo de 1.000 horas até atingir uma previsão de 5.000

horas e dez vezes para o intervalo de 500 horas.

O quinto passo é avaliar os resultados e verificar o teste de razoabilidade. A primeira

estatística é o parâmetro de forma, tal como descrito na revisão da literatura, um valor $\beta < 1$ indica

uma taxa de mortalidade infantil exponencial ou elevada. Um valor $\beta = 1$ representará uma taxa de

falha aleatória, o que significa que uma falha pode ocorrer em qualquer altura do ciclo de vida. Um

valor β entre 1 e 3 representa uma distribuição lognormal. Finalmente, um valor $\beta = 3$, mostrará ao

investigador que a forma representa uma distribuição normal que tem um período de extinção

normal. A segunda estatística importante é a escala. Esta representa a vida média caraterística da

unidade e será a taxa de falha que fornecerá ao investigador o tempo médio até à falha (MTTF). A

terceira estatística importante para a medição dos dados deste estudo é a Anderson Darling (AD).

Tal como referido nos pressupostos, este valor é uma estatística de validação para garantir que o

método estatístico foi útil no cálculo de um valor. Quanto mais próximo de 0 for o AD, melhor será

a utilização do método estatístico. A quinta estatística é o valor R^2 ou correlação. Este valor

representa o "bom ajuste" do conjunto de dados. Quanto mais próximo de 1 for o valor, melhor será

o ajuste. A secção de pressupostos e limitações desta tese de investigação explica o que se espera deste estudo. As outras estatísticas no gráfico fornecem um bom suporte dos dados.

O sexto passo é pegar nos dados do cálculo de Weibull e comparar os valores da vida caraterística (α) e a análise de variância (ANOVA) estabelecida a partir da distribuição. O valor da vida caraterística (α) representa a fiabilidade global do sistema. Cada conjunto de dados terá um valor de vida caraterístico (α) e, uma vez que existe uma relação inversa direta entre fiabilidade e custo, neste caso não será necessário um modelo financeiro. A análise é importante porque o objetivo geral desta análise é determinar se a redução do intervalo evitará que os para-brisas sejam removidos. A ANOVA mostrará se a variação entre as médias dos dados é suficientemente significativa para provar que o intervalo resultará numa distribuição diferente. Se, através da análise, a distribuição de Weibull conseguir provar um aumento da fiabilidade e a ANOVA mostrar um valor de p inferior a 0,05, então o custo total para suportar o para-brisas diminuirá.

Validação

Depois de os dados terem sido agrupados na análise de dados adequada, inicia-se o processo de geração de Weibull. Cada falha de para-brisas foi selecionada aleatoriamente utilizando o método de Monte Carlo, categorizando dois intervalos, sendo o primeiro o intervalo de 1.000 horas e o segundo o intervalo de 500 horas. Os cálculos de Weibull serão efectuados utilizando o software estatístico Minitab 16, com censura paramétrica à direita.

O software estatístico Minitab versão 16 permite a utilização da distribuição de Anderson Darling (AD) para validar a distribuição de Weibull como método adequado para a fiabilidade. Nos pressupostos, uma AD inferior a 200 foi considerada uma distribuição de fiabilidade adequada. O método dos mínimos quadrados também permite avaliar um R^2. Esse valor de R^2, que é rotulado como "correlação" nos gráficos do Minitab, foi usado para determinar se a análise de Weibull mostra se o cálculo é ou não um "bom ajuste" e se os resultados do teste R^2 devem resultar em um valor maior que 0,97.

Se os resultados mostrarem que um dos métodos de validação está fora da validação esperada, com um AD inferior a 200 e um valor R^2 superior a 0,97, o investigador terá de reavaliar os valores anómalos dos dados nesse método de teste. Isto não significa que os resultados estejam incorrectos e que os dados sejam inúteis. Significa apenas que o teste usando a distribuição Weibull pode não ter sido o melhor para esse conjunto de distribuição. A mesma avaliação seria feita se o AD fosse maior que 200 e o valor de R^2 fosse maior que 0,97. Para além da validação dos outliers, seria analisado um gráfico de Weibull para determinar as causas de uma AD elevada ou de uma correlação R^2 baixa. Após uma revisão dos gráficos de saída do Minitab 16, haveria oportunidades para avaliar as inclinações de vários pontos de dados desviantes. Uma análise gráfica seria então usada para determinar se a distribuição dos para-brisas é apropriada para testar as duas previsões.

CAPÍTULO 4

Resultados

Tal como referido na metodologia de investigação, o investigador irá comparar dois conjuntos de dados, sendo o primeiro a previsão do intervalo de 1000 horas e o segundo a previsão de 500 horas. Para estabelecer a linha de base, o investigador mediu cinquenta e oito (58) pontos de falha extraídos da Ramco e fornecidos ao investigador pela equipa de engenharia. Estes pontos de dados, na figura 8, incluem todas as falhas relacionadas com a entrada de humidade. Uma análise mais aprofundada separa as falhas por entrada de humidade das falhas por não entrada de humidade. A entrada de humidade inclui para-brisas avariados devido a: delaminação, curto-circuito elétrico do elemento de aquecimento e fissuras causadas por arcos do elemento de aquecimento. Os dados recolhidos foram documentados em horas de serviço. O estudo tem duas variáveis diferentes: uma variável dependente e uma variável independente. A variável dependente são as horas observadas na Ramco. A variável independente é a eficácia da inspeção e a extensão de 2.500 horas. O controlo é o conjunto de dados de base w

Explicar os dados que temos e as variáveis dependentes, variáveis independentes, **estatísticas dos gráficos de Weibull**

Os gráficos de probabilidade do Minitab têm uma tabela de estatísticas que lista a forma, a escala, a média, etc. A forma é representada por β (beta) e fornece um valor para o qual uma distribuição dos dados pode ser derivada. A vida caraterística é representada por θ (theta), que é o parâmetro de escala no gráfico. A estatística seguinte é a média, representada por μ, que é a média de todos os pontos de dados de falha recolhidos. A próxima estatística importante listada é o desvio padrão σ (sigma), que mostra a variação dos dados em relação à média. Outras estatísticas importantes listadas na tabela de estatísticas de Weibull são a mediana, AD e Correlação. A mediana é o valor na população que separa a metade superior da metade inferior. O teste AD e a Correlação foram descritos com mais pormenor na parte de validação da secção de metodologia. No entanto, estes valores são muito importantes para os resultados do estudo. O teste de Anderson-Darling testa a normalidade da distribuição e a adequação à distribuição. Enquanto a estatística de correlação descreve a relação de dependência entre dois conjuntos de dados diferentes. Esta investigação foi concebida para comparar os valores de vida caraterísticos e a diferença estatística nas médias através de uma ANOVA entre a previsão de intervalo de 1.000 horas e a previsão de intervalo de 500 horas.

Gráfico de Weibull de base

O número mais importante associado ao gráfico da linha de base na figura 8 é o número AD. O AD mostra 2,138, o que constitui uma forte indicação de que a distribuição de Weibull é uma boa opção para este conjunto de dados. Este conjunto de dados tem uma forma de 2,60, o que indica uma distribuição de Weibull na forma de lognormal, que é uma distribuição não normal. A escala é a vida caraterística dos dados neste conjunto de dados, que é 12.888,0. Este valor será comparado com o conjunto de dados da previsão de 500 horas para verificar se a variável independente (alteração do intervalo) teve um efeito suficientemente forte na variável dependente para confirmar a hipótese do investigador. O valor da correlação é inferior a 0,97, o que significa que o investigador tem de avaliar e confirmar as linhas gerais do conjunto de dados.

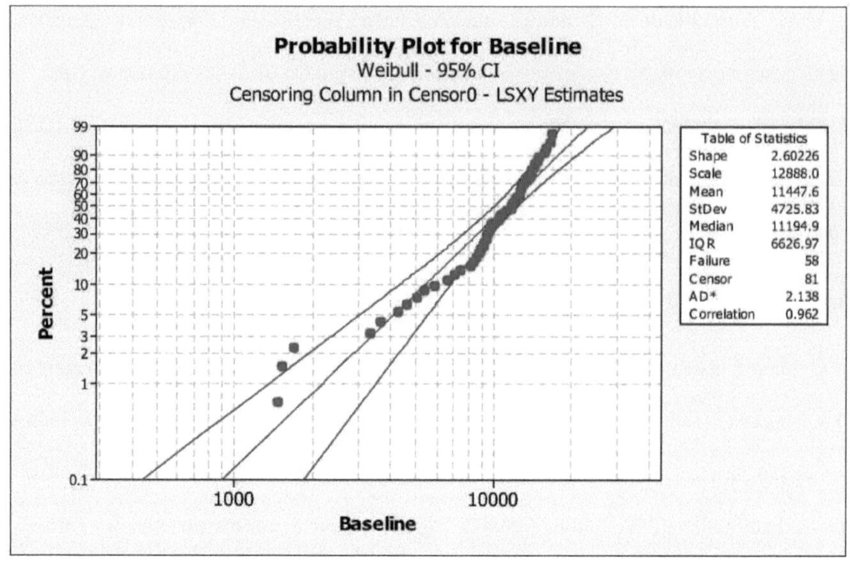

Nota: Este gráfico foi desenvolvido utilizando o Minitab versão 16 (19 de outubro de 2013)

A estatística de Weibull de base, na figura 8, mostra o ponto de partida para os dados enumerados no quadro 1. O quadro 1 apresenta todos os resultados dos dados obtidos com a execução dos passos da metodologia num total de cinco vezes. Após cada verificação, a ferramenta de análise de fiabilidade descrita na revisão da literatura calcula a probabilidade de falha entre cada intervalo.

Tabela 1: Entradas para o intervalo de 1.000 horas para a ferramenta de análise de fiabilidade

	Shape	Scale	Current Age	Additional Time	Life Measurement Units	Percentile	Decimal Places
Baseline	2.60226	12888.0	4359.44	1000	Hours	0.5	3
Check 1	2.64088	13059.7	5197.458	1000	Hours	0.5	3
Check 2	2.61368	13002.3	5811.537	1000	Hours	0.5	3
Check 3	2.64434	13133.3	5954.903	1000	Hours	0.5	3
Check 4	2.69311	13023.7	6270.814	1000	Hours	0.5	3
Check 5	2.68215	13225.8	6929.995	1000	Hours	0.5	3

Nota: A Tabela 1 foi desenvolvida a partir do Excel 2007 e lista as entradas para a calculadora Weibull condicional (30 de novembro de 2013).

Previsão de intervalo de 1.000 horas

A Figura 9 mostra o resultado da análise de Weibull após o intervalo de 5th 1.000 horas. A previsão resultou em 16 remoções da linha de base. As remoções foram selecionadas aleatoriamente a partir da simulação de Monte Carlo desenvolvida no estudo e utilizaram a probabilidade de falha calculada a partir da ferramenta de distribuição condicional de Weibull em www.reliabilityanalytics.com. O parâmetro de forma apresentado na figura 9 é 2,68, que se situa entre 2 e 3. Isto representa uma distribuição lognormal, que é uma distribuição não-normal. A vida útil caraterística é representada pela escala de 13.225,8 horas. O valor de Anderson-Darling é 2,373, o que, tal como a linha de base, mostra que o cálculo de Weibull se ajusta bem a estes dados. Por outro lado, a correlação de 0,966 é inferior a 0,97, o que é esperado para este estudo, uma vez que é necessário efetuar uma avaliação dos valores anómalos de tempo reduzido.

Figura 11: Gráfico de probabilidade do intervalo 1.000 em 5th check.

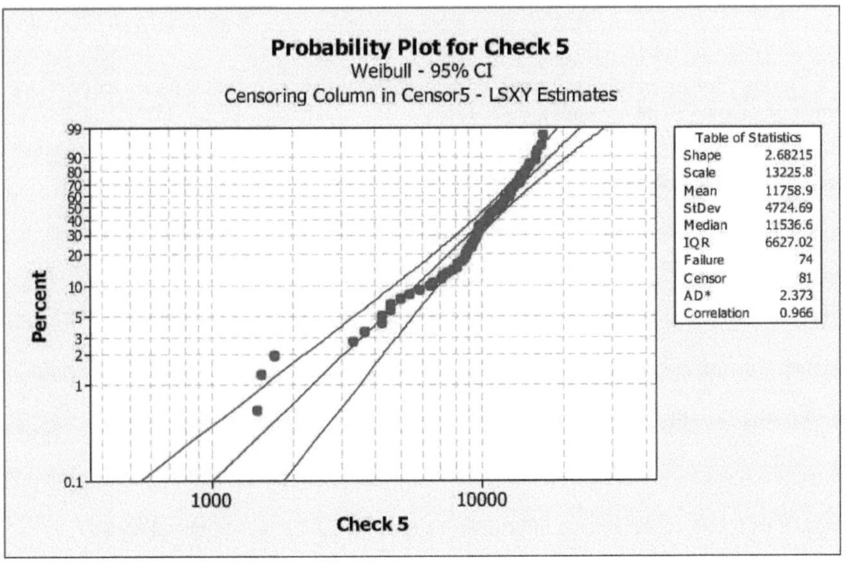

Nota: Este gráfico foi desenvolvido utilizando a versão 16 do Minitab (30 de novembro de 2013)

A Tabela 2 abaixo mostra as 10 entradas para o intervalo de 500 horas. A vida útil caraterística entre a linha de base e 10th aumenta de 12.888,0 para 14.027,7 em 5.000 horas. A diferença é de 1.139,7 horas, o que representa um aumento estimado de 8,8% na fiabilidade. Quando a verificação 5th do intervalo de 1.000 horas é comparada com a verificação 10th do intervalo de 500 horas, resulta numa diferença na vida caraterística de 801,9 horas.

Quadro 2: Entradas para o intervalo de 500 horas da ferramenta de análise de fiabilidade

	Shape Parameter	Scale (Characteristic Life)	Current Age	Additional Time	Life Measurement Units	Percentile	Decimal Places
Baseline	2.60226	12888.0	4401.5	500	Hours	0.5	3
Check 1	2.62150	13004.3	4901.5	500	Hours	0.5	3
Check 2	2.62586	13051.0	5226.5	500	Hours	0.5	3
Check 3	2.63939	13206.3	5726.5	500	Hours	0.5	3
Check 4	2.64881	13277.0	6117.2	500	Hours	0.5	3
Check 5	2.62195	13376.4	6503.1	500	Hours	0.5	3
Check 6	2.60584	13585.7	7003.1	500	Hours	0.5	3
Check 7	2.59975	13725.1	7376.0	500	Hours	0.5	3
Check 8	2.59321	13906.5	7876.0	500	Hours	0.5	3
Check 9	2.55625	13774.0	7721.6	500	Hours	0.5	3
Check 10	2.53379	14027.7	8221.6	500	Hours	0.5	3

Nota: A Tabela 1 foi desenvolvida a partir do Excel 2007 e lista as entradas para a calculadora Weibull condicional (30 de novembro de 2013).

Previsão de intervalo de 500 horas

As estatísticas do gráfico de probabilidade para o intervalo de 500 horas mostram um parâmetro de forma de 2,53, que também é uma distribuição lognormal. A escala é 14 027,7, que representa a vida útil caraterística do para-brisas. Houve um total de 67 falhas nesta previsão e um total de 9 falhas nas últimas 5.000 horas no modelo. O valor de Anderson-Darling é de 5,95, o que, mais uma vez, mostra que o cálculo de Weibull é um bom ajuste para este conjunto de dados. A correlação é de 0,967, o que ainda é inferior ao objetivo de 0,97 indicado na validação metodológica do estudo.

Figura 12: Gráfico de probabilidade do intervalo de 500 horas em 10th check.

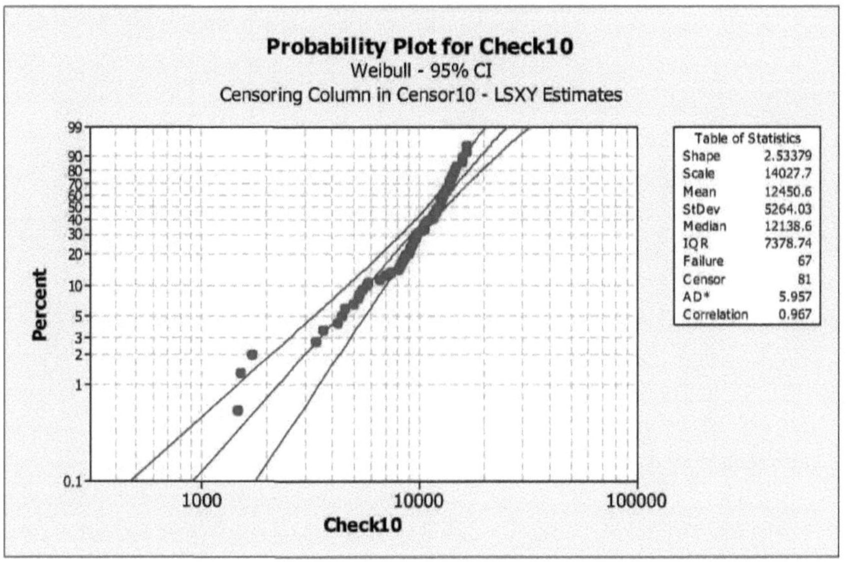

Nota: Este gráfico foi desenvolvido utilizando a versão 16 do Minitab (30 de novembro de 2013)

A vida útil caraterística no final do modelo de 5.000 horas mostra uma melhoria geral em relação à linha de base atual. A diferença entre o intervalo de 500 horas (14.025,0) e o intervalo de 1.000 horas (13.221,7) na marca das 5.000 horas é de 803,3, o que representa um aumento de 6% na fiabilidade. O modelo também calculou um total de 16 remoções para o intervalo de controlo de 1.000 horas, em comparação com as 9 remoções para o intervalo de 500 horas. A diferença é de 7 remoções a $22.767, o que representa uma poupança estimada de $159.369 em dois anos.

Tabela 3: Tabela de vida caraterística para o intervalo de 500 horas e o intervalo de 1.000 horas.

Characteristic Life (α)		
Time	500 Interval	1,000 Interval
0	12888.0	12888.0
500	13004.3	
1000	13051.0	13059.7
1500	13206.3	
2000	13277.0	13002.3
2500	13376.4	
3000	13585.7	13133.3
3500	13725.1	
4000	13906.5	13023.7
4500	13774.0	
5000	14025.0	13221.7

Nota: Gráfico criado a partir do Excel 2007 (30 de novembro de 2013).

A linha azul na figura 12 mostra a vida útil caraterística do intervalo de 500 horas e mostra um aumento constante em relação ao teste de 5.000 horas. Este gráfico mostra claramente que o intervalo de 500 horas aumenta a fiabilidade do sistema global do para-brisas. Se o estudo se prolongasse por mais 5.000 horas, o investigador prevê um aumento da fiabilidade do sistema superior a 10%. A linha vermelha representa a vida útil caraterística medida no intervalo de 1.000 horas. A Tabela 3 apresenta a linha de base e a estimativa de vida útil caraterística do intervalo de 1.000 horas para 5.000 horas. A diferença entre a linha de base e a estimativa do modelo de 5.000 horas é de 333,7 horas para um período de dois anos.

Figura 13: Diferença no gráfico de linhas entre a vida caraterística de 500 e 1.000 horas.

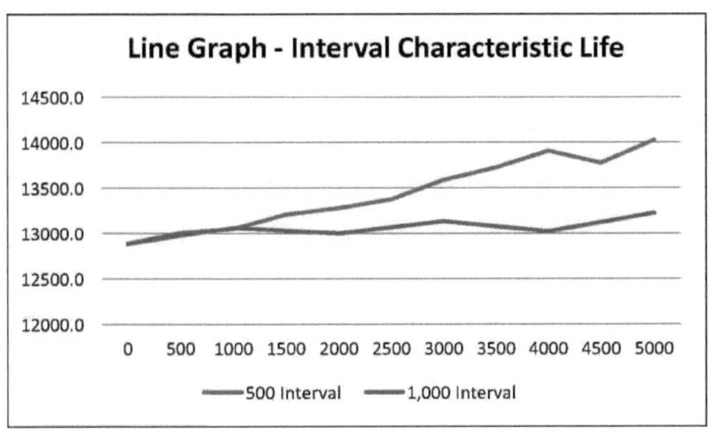

Nota: Gráfico criado a partir do Excel 2007 (30 de novembro de 2013).

A Tabela 4 apresenta a probabilidade de falha para o ensaio de intervalo de 500 horas e 1.000 horas. A

As probabilidades de falha do intervalo de 1.000 horas são calculadas a cada 1.000 horas, em vez de a cada 500 horas para o intervalo inferior. O intervalo de 500 horas mostra uma menor probabilidade de falha em cada intervalo em comparação com a inspeção no intervalo de 1.000 horas.

Tabela 4: Tabela de probabilidade de falha para o intervalo de 500 horas e o intervalo de 1.000 horas.

| | Probability of Failure | |
Time	500 Interval	1,000 Interval
0	0.020	0.043
500	0.023	
1000	0.025	0.052
1500	0.028	
2000	0.030	0.062
2500	0.033	
3000	0.036	0.068
3500	0.037	
4000	0.040	0.069
4500	0.039	
5000	0.041	0.075

Nota: Gráfico criado a partir do Excel 2007 (30 de novembro de 2013).

A Figura 14 mostra um gráfico de linhas que representa a variação entre as probabilidades de falha para o intervalo de 500 horas em comparação com o intervalo de 1.000 horas. A diferença entre o intervalo de base de 500 horas (0,020) e o intervalo de 1.000 horas (0,043) é de 0,023. Ao passo que, na marca das 5.000 horas, a diferença entre o controlo de 500 horas (0,041) e o controlo de 1.000 horas (0,075) é de 0,034. Esta tendência mostra que o intervalo de 1.000 horas está a aumentar ligeiramente a probabilidade de falha ao longo do tempo. *Figura 14:* Diferença do gráfico de linhas entre a probabilidade de falha do intervalo.

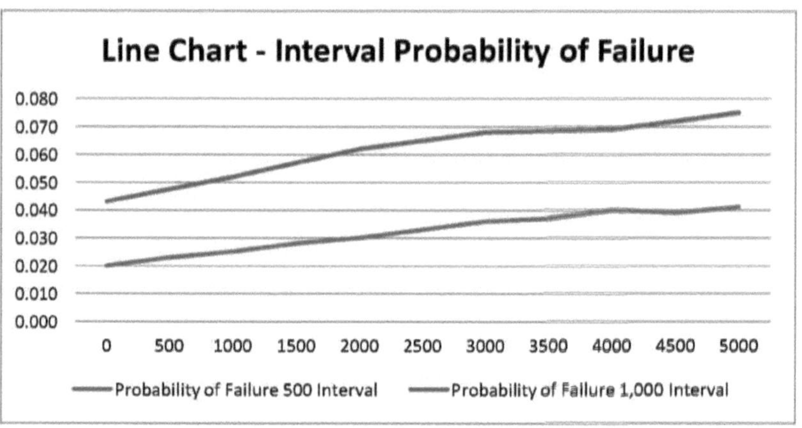

Nota: Gráfico criado a partir do Excel 2007 (30 de novembro de 2013).

Análise ANOVA

A análise de variância (ANOVA) fornece a significância estatística para o estudo. A Tabela 4 mostra um valor p de 0,162, que é superior a 0,05 para a significância estatística. Isto significa que os resultados da ANOVA não mostram qualquer significância entre o conjunto de dados para provar a hipótese do investigador.

Tabela 4: Mostra os resultados da ANOVA unidirecional entre o intervalo 1.000 e o intervalo 500

One-way ANOVA: Hours versus Interval					
Source	DF	SS	MS	F	P
Interval	1	28274893	28274893	1.98	0.162
Error	151	2161546370	14314877		
Total	152	2189821263			

Nota: Gráfico criado a partir do Excel 2007 (30 de novembro de 2013).

O gráfico de caixa é uma forma adequada de representar graficamente grupos de dados numéricos através dos seus quartis. O gráfico de caixa abaixo não mostra qualquer significância entre as duas previsões. No entanto, se a previsão se prolongasse por mais 5 a 10 mil horas, poderia registar-se uma maior variação nas médias das estatísticas.

Figura 15: Boxplot das horas para o teste ANOVA.

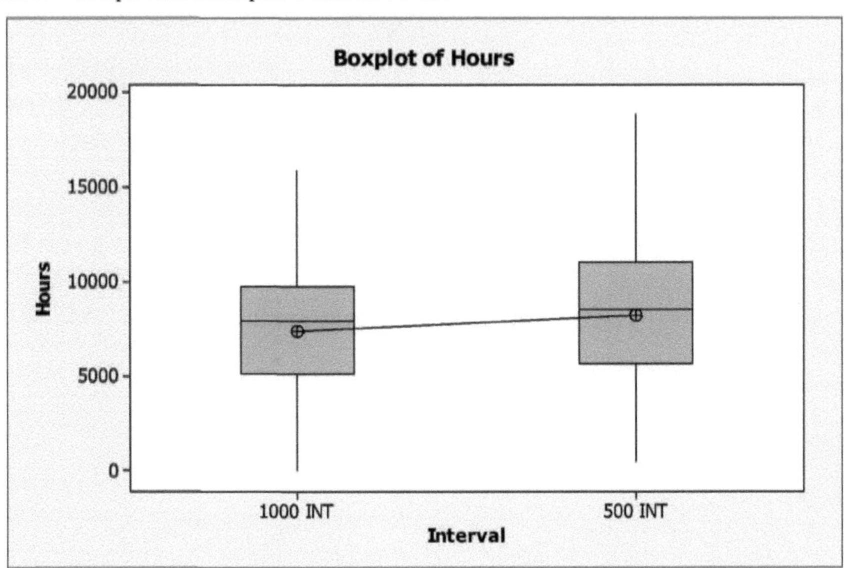

Nota: Este gráfico foi desenvolvido utilizando a versão 16 do Minitab (30 de novembro de 2013)

O Minitab usa um gráfico de caixa com bigodes dos valores mínimos aos máximos. O gráfico de caixa exibe as diferenças entre as populações sem fazer suposições sobre a distribuição estatística. O espaço entre as diferentes partes do gráfico de caixa indica o grau de amplitude e assimetria das distribuições e identifica os outliers.

CAPÍTULO 5

Discussão

Na secção de discussão, o investigador analisará em pormenor os gráficos apresentados nos resultados. A Figura 16 mostra a linha de base de Weibull para estabelecer a primeira probabilidade de falha.

Figura 16: Gráfico de probabilidade de base para discussão.

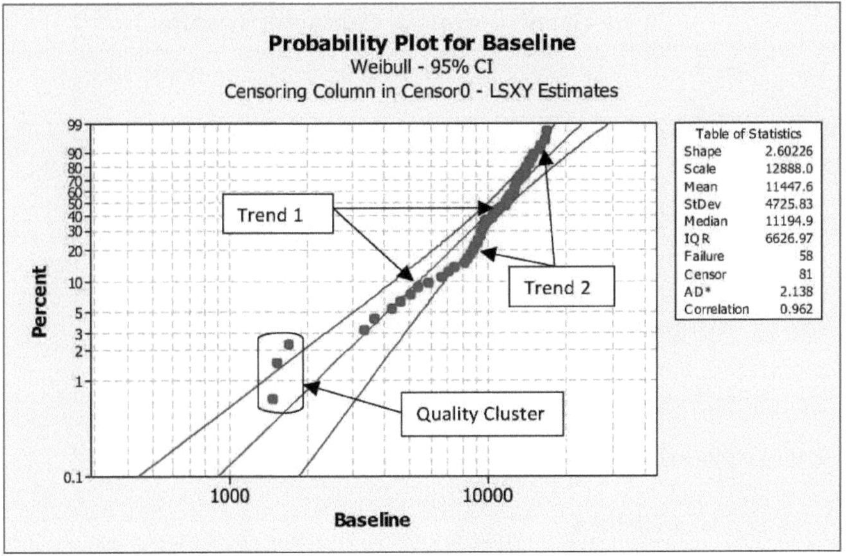

Nota: Este gráfico foi desenvolvido utilizando a versão 16 do Minitab (30 de novembro de 2013)

O teste de Anderson-Darling é um teste de qualidade de ajuste que determina se a Weibull é a melhor ferramenta para desenvolver uma análise estatística. Com um AD de 2,138, isto mostra claramente que a Weibull é quase um ajuste perfeito para os dados. Todos os pontos de falha foram causados pela entrada de humidade no sistema. As setas no gráfico apontam para diferentes declives nos dados que mostram diferentes tendências de falha. Esta variação no conjunto de dados é o resultado de diferentes taxas de falha ao longo do tempo. Uma vez que o estudo está a aplicar uma Weibull às falhas de entrada de humidade, representa vários modos de falha indicados pela Tendência 1 e Tendência 2 no gráfico. A tendência 1 mostra uma inclinação mais rasa que se alinha mais de perto com a linha de correlação. A tendência 2 mostra um declive mais acentuado. Este tipo de problema mostra que existem vários modos de falha concorrentes em estudo. A entrada de humidade inclui vários modos de falha diferentes que provocam a remoção de uma janela.

Figura 17: Gráfico de linhas do intervalo de vida caraterístico entre 500 e 1.000 horas.

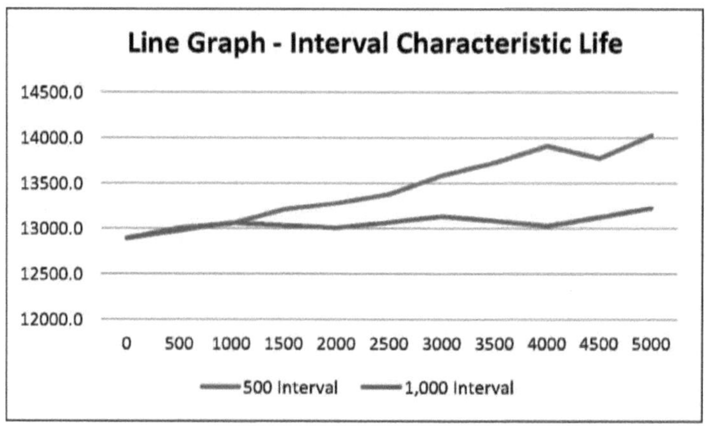

Nota: Gráfico criado a partir do Excel 2007 (30 de novembro de 2013).

Correlação da vida caraterística

O gráfico de probabilidades na figura 18 mostra a forma de 2,53 para o intervalo de 500 horas com previsão de 5.000 horas, enquanto o intervalo de 1.000 horas tem uma forma de 2,68. Em ambos os casos, a forma mostra uma distribuição lognormal. A escala prevista para o intervalo de 500 horas é de 14027,7 e a escala prevista para o intervalo de 1.000 horas é de 13.225,8. Isto mostra um aumento de 6% na vida útil caraterística se o intervalo fosse reduzido nos próximos dois anos. A correlação entre as duas previsões é quase idêntica, com 0,967 para o intervalo de 500 horas e 0,966 para o intervalo de 1.000 horas. Na previsão, os resultados mostraram que 16 janelas falharam durante as 5.000 horas para o intervalo de 1.000 horas, em comparação com 9 janelas para o intervalo de 500 horas. Essas 7 janelas são a diferença na coluna F da tabela de estatísticas na figura 17. A 22.767 dólares por janela, ao reduzir o intervalo para 500 horas, poder-se-ia poupar

159.369 dólares em dois anos. Os pontos de censura permaneceram os mesmos Os pontos de censura permaneceram os mesmos durante todo o estudo, porque quando uma janela falhava, era substituída adicionando uma nova linha à coluna.

Figura 18: Gráfico de probabilidade para intervalos de 500 horas e 1.000 horas.

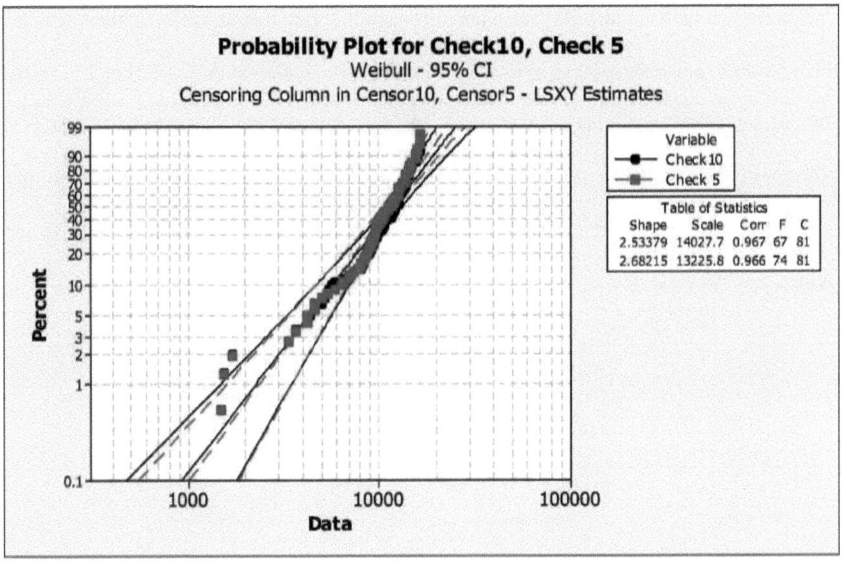

Nota: Este gráfico foi desenvolvido utilizando a versão 16 do Minitab (30 de novembro de 2013)

Análise ANOVA

A análise ANOVA mostra um valor p de 0,162, que é superior a 0,05 e identifica a estatística como não significativa entre as duas previsões.

Tabela 5: Mostra os resultados da ANOVA unidirecional entre o intervalo 1.000 e o intervalo 500

One-way ANOVA: Hours versus Interval					
Source	DF	SS	MS	F	P
Interval	1	28274893	28274893	1.98	0.162
Error	151	2161546370	14314877		
Total	152	2189821263			

Nota: Gráfico criado a partir do Excel 2007 (30 de novembro de 2013).

CAPÍTULO 6

Conclusão

O objetivo deste estudo era determinar se a hipótese de reduzir o intervalo de verificação da manutenção para 500 horas aumentaria a fiabilidade do sistema em 10%. Como os resultados do estudo mostraram, o investigador não conseguiu provar a hipótese num modelo, aumentando as horas de voo em 5.000 e, por conseguinte, provando a hipótese nula. No entanto, a figura 17 mostra uma variação crescente na vida caraterística entre os dois intervalos. Além disso, na tabela 4, a probabilidade de falha no intervalo de 500 horas é consistentemente mais baixa do que no intervalo de 1.000 horas. Pode-se concluir a partir desta informação que, se a investigação continuasse por mais 5.000 horas, poderia ser descoberto um resultado desejável.

CAPÍTULO 7

Recomendação

Há muitas maneiras pelas quais o investigador gostaria de aprofundar esta investigação e pode fornecer recomendações para potencialmente descobrir um melhor resultado. A primeira recomendação do investigador é continuar esta análise durante mais 5.000 horas para ver se a variação entre o intervalo de 1.000 horas e o intervalo de 500 horas se tornará estatisticamente significativa ou se a alteração na fiabilidade será superior a 10%.

A segunda recomendação seria criar uma macro no Excel que efectuasse a simulação de Monte Carlo e a função Weibull condicional, em vez de executar manualmente as etapas demoradas da análise.

A última recomendação seria a utilização de uma nova ferramenta Monte-Carlo para a previsão de falhas, com a capacidade de alterar a metodologia de fiabilidade para utilizar um processo de Poisson não homogéneo. Com uma Weibull do para-brisas de base que contém modos de falha concorrentes, isto leva a que toda a Weibull do para-brisas tenha um parâmetro de forma mais aleatório. Quando é modelado, proporciona um nível de incerteza em que um Poisson não homogéneo poderia atenuar essa incerteza. Além disso, a verificação do processo Poisson não homogéneo em comparação com o Weibull poderia afetar o custo e permitir uma previsão mais precisa. Isso exigiria uma nova ferramenta em comparação com a distribuição Weibull condicional, pois o Minitab não permite a modelagem de um Poisson não homogéneo.

Referências

Adams, C. (2009). Entendendo o MSG-3. *Aviation Today.* Recuperado de:

http://www.aviationtoday.com/am/repairstations/Understanding-MSG-3_33062.html

Benavides,S. (2010). Survival Analysis of Aging Aircraft (tese de doutoramento). Obtido de

ProQuest. Número de registo AAI3397234.

Benbow, D., Broome, H. (2013). *O Manual do Engenheiro de Conflabllldade Certificado.*
Milwaukee, WI:

American Society for Quality, Quality Press.

Blanchard, B., Fabrycky, W. (2011). *Systems Engineering and Analysis (Engenharia e análise de*
sistemas). Upper Saddle River, NJ: Pearson.

Cheng, Z., Rong, L., Liu, Z. (2013, 15 de julho). Um método analítico RCM considerando a
manutenção proativa. *Instituto de Engenheiros Eléctricos e Electrónicos.* ,1473-1476.

Chandler, J. G., (2012, 3 de setembro). Deteção de danos. *Semana da Aviação e Tecnologia*
Espacial,

174, 92.

Cramer, E, & Iliopoulos, G. (2009). Censura progressiva adaptativa de tipo II. *Teste - TEST, 19*(2),

343-358

Dodson, B. (2006). *The Weibull Analysis Handbook (Manual de Análise de Weibull).* Milwaukee,
WI: American Society of Quality Press.

Gamauf, M., (2009, 1 de agosto). Do you Do Windows? *Business & Commercial Aviation*, 105, 40.

Gray, R, & Pierce, D. (1985). Goodness-of-fit test for censored survival data. *The Annals of*
Statistics, 13(2), 552-563.

Grodzenskii, S, & Domrachev, V. (2002). Estimação dos parâmetros de uma mistura de

distribuições exponencial e de weibull com censura progressiva. *Medida
Techniques, 45*(11), 1115-1118.

H0yland, A., Rausand, M. (2004). *Teoria da Fiabilidade dos Sistemas: Modelos e Métodos
Estatísticos.*

Hoboken, NJ: John Wiley & Sons.

Jardine, A. K., Tsang, A. H. C. (2013). *Manutenção, substituição e fiabilidade: Theory and
Applications.* Boca Raton, FL: CRC Press.

Kalos, M.A., Whitlock, P.A. (2008). *Métodos de Monte Carlo.* Weinheim, Alemanha: Wiley-VCH
Verlag GmbH & Co.

Kennamer, A. Entrevista pessoal

Kinnison, H. A. (2004). *Aviation Maintenance Management.* Nova Iorque, NY: McGraw-Hill.

Kister, T.C., Hawkins, B. (2006). *Maintenance Planning and Scheduling: Streamline Your*
Organizaiton for Lean Enviornment. Burlington, MA: Elsevier Butterworth-Heinemann.

Kroese, D., Taimre, T., & Botev, Z. (2013). *Handbook of Monte Carlo Methods (Manual de
métodos de Monte Carlo).* Hoboken, NJ: John Wiley & Sons.

Kobbacy, K., Murthy, P. (2008). *Complex Systems Handbook.* Londres, Reino Unido: Springer-
Verlag.

Kolcum, E., (1982, 15 de novembro). USAF Studying Techniques to Restore. *Aviation Week &
Space Technology,* 84.

Koziol, J. (1980). Goodness-of-fit test for randomly censored data. *Biometrika, 67*(3), 693-696

Kuo, W. (2001). *Optimal Reliability Design: Fundamentals and Applications.* Cambridge, Reino

Unido: Cambridge University Press.

Lawrence, P. & Gill, S. (2007). Human hazard analysis: A prototype method for human hazard analysis developed for the large commercial aircraft industry. *Prevenção e Gestão de Catástrofes, 16*, 718-739.

Mathews, J., Broderick, S. (2012, 5 de novembro). Demasiado jovem ou demasiado caro? *Aviation Week & Space Technology, 174,* 20.

Mann, L., & Roberts, W.T. (1993). Previsões de falhas em sistemas reparáveis de múltiplos componentes. *International Journal of Production Economics, 29*(1), 103-110.

Mann, N, & Fertig, K. (1975). A goodness-of-fit test for the two parameter vs. three parameter weibull: confidence bounds for threshold. *American Society for Quality, 17*(2), 237-245.

McDonald, D. (2004). *Elementos de Probabilidade Aplicada: For Engineering, Mathematics and Systems Science.* Singapura, Singapura: World Scientific Publishing Co. Pte. Ltd.

Morris, S. (2013). *Reliability Analytics Toolkit.* Recuperado de: http://reliabilityanalyticstoolkit .appspot.com/conditional_weibull_distribution

Moubray, J. (1997). *RCM II: Reliability-centered Maintenance (Manutenção centrada na fiabilidade).* Nova Iorque, NY: Industrial Press.

Nakagawa, T. (2008). *Modelos avançados de fiabilidade e políticas de manutenção.* Londres, Reino Unido: Springer-Verlag.

Nelson, W.B. (1982). *Applied Life Data Analysis.* Hoboken, NJ: John Wiley and Sons, Inc.

Pleumpirom, Y. & Amornsawadwatana, S. (2012). Otimização multiobjectivo de aeronaves Manutenção na Tailândia utilizando a programação por objectivos: Um Modelo de Apoio à Decisão. *Hindawi Publishing Corporation, 2012,* 1-17.

PPG Aerospace Transparencies. (2007). [Ilustração gráfica do para-brisas principal].
Transparências

Boletim. Recuperado de http://www.ppg.com/coatings/aerospace/transparencies1/Em

braerTransBulletinfinal507.pdf

Smith, R., Hawkins, B. (2004). *Lean Maintenance: Reduce Costs, Improve Quality, and Increase
Market Share.* Burlington, MA: Elsevier Butterworth-Heinemann.

Steinberg,W. (2011). *Statistics Alive!* Thousand Oaks, CA: Sage Publications

Thomas, G. (2000, 1 de maio). Polymer Coating Could Solve Window Crazing Problem.
Aviation Week & Space Technology, 152, 68.

Volovoi, V. (2012). Confiabilidade do sistema na encruzilhada. *Rede internacional de investigação
académica, 2012,* 1-36.

Wall, R. (2012, 18 de junho). O plano de jogo do E-Jet da Embraer. *Aviation Week & Space
Technology*, 174, 14.

Wang, W. (2011). *Engenharia reversa: Technology of Reinvention [Tecnologia de Reinvenção].*
Boca Raton, FL: CRC Press.

Zhao, G. (2008). *Nonparametric and Parametric Survival Analysis of Censored Data with Possible
Violation of Method Assumptions [Análise de sobrevivência não paramétrica e paramétrica
de dados censurados com possível violação dos pressupostos do método].* Ann Arbor, MI:
ProQuest Publishing.

Zhou, X., Xi, L., & Lee, J. (2007, 1 de abril). Programação de manutenção preditiva centrada na
fiabilidade para um sistema continuamente monitorizado sujeito a degradação. *Reliability
Engineering & System Safety,* 92, 530-534.

Apêndice A

Gráficos

Fluxograma da metodologia.

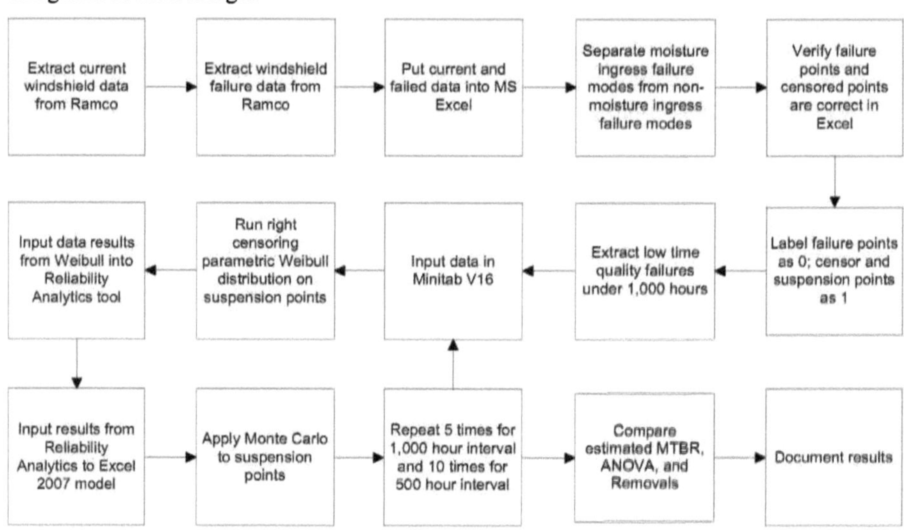

Quadros de dados de base

Status	Root Cause	Failed Date	Hours	Censor
Removed	Hump Seal Damage	11/10/2008	1708.18	0
Removed	Heating Element	6/12/2009	1531.29	0
Removed	Damage Unspecified	11/22/2009	5613.46	1
Removed	Delamination	3/7/2010	6634.38	0
Removed	Heating Element	3/28/2010	5396.22	0
Removed	Delamination	7/18/2010	9239.17	0
Removed	Hump Seal Damage	7/20/2010	8162.41	0
Removed	Scratched	9/14/2010	9526.24	1
Removed	Heating Element	10/6/2010	9398.92	0
Removed	Delamination	10/8/2010	7503.41	0
Removed	Heating Element	11/18/2010	7113.25	0
Removed	Cracking	11/18/2010	453.55	1
Removed	Delamination	11/26/2010	5914.41	0
Removed	Delamination	11/30/2010	9542.25	0
Removed	Heating Element	12/17/2010	9998.27	0
Removed	Heating Element	1/21/2011	923.87	1
Removed	Scratched	3/23/2011	8843.36	1
Removed	Scratched	3/23/2011	8875.15	1
Removed	Delamination	3/28/2011	1474.18	0
Removed	Cracking	4/27/2011	8654.87	0
Removed	Bird Strike	4/27/2011	10313.92	1
Removed	Delamination	5/2/2011	9005.38	0
Removed	Delamination	5/4/2011	10720.65	0
Removed	Delamination	6/4/2011	9479.75	0
Removed	Delamination	6/8/2011	9211.74	0
Removed	Scratched	7/30/2011	1377.15	1
Removed	Delamination	9/4/2011	9822.1	0
Removed	Delamination	10/16/2011	12233.87	0
Removed	Delamination	10/19/2011	9657.43	0
Removed	Delamination	10/20/2011	8415.11	0
Removed	Heating Element	11/7/2011	149.93	1
Removed	Delamination	11/22/2011	8847.70	0
Removed	Leaking	12/6/2011	804.97	1
Removed	Cracking	12/27/2011	11802.25	0
Removed	Delamination	1/9/2012	10667.60	0
Removed	Delamination	1/10/2012	3361.02	0

Status	Failure Mode	Date	Value	Flag
Removed	Delamination	1/12/2012	12147.85	0
Removed	Delamination	1/28/2012	13032.47	0
Removed	Delamination	2/1/2012	11988.97	0
Removed	Delamination	2/2/2012	10483.73	0
Removed	Heating Element	2/7/2012	76.80	1
Removed	Delamination	2/8/2012	11004.30	0
Removed	Cracking	2/12/2012	9802.35	0
Removed	Delamination	2/15/2012	3678.29	0
Removed	Scratched	3/8/2012	1349.52	1
Removed	Delamination	4/9/2012	4284.51	0
Removed	Cracking	5/24/2012	4615.76	0
Removed	Delamination	6/1/2012	13567.75	0
Removed	Delamination	6/2/2012	12738.77	0
Removed	Delamination	6/2/2012	12738.77	0
Removed	Heating Element	6/3/2012	149.93	1
Removed	Damage Unspecified	6/6/2012	14288.93	1
Removed	Delamination	6/9/2012	12328.13	0
Removed	Delamination	7/16/2012	5043.45	0
Removed	Cracking	7/28/2012	12806.94	0
Removed	Delamination	8/6/2012	13204.22	0
Removed	Delamination	8/17/2012	13901.20	0
Removed	Delamination	8/20/2012	12777.05	0
Removed	Delamination	8/22/2012	11338.70	0
Removed	Delamination	11/16/2012	12826.40	0
Removed	Cracking	12/19/2012	14062.82	0
Removed	Leaking	2/27/2013	3479.37	1
Removed	Cracking	3/1/2013	14431.89	0
Removed	Scratched	3/10/2013	6723.89	1
Removed	Scratched	3/10/2013	3323.47	1
Removed	Discoloring	6/14/2013	14569.30	0
Removed	Delamination	6/24/2013	16829.68	0
Removed	Cracking	6/24/2013	14032.94	0
Removed	Cracking	6/25/2013	13980.72	0
Removed	Delamination	7/14/2013	16073.72	0
Removed	Delamination	7/18/2013	15067.03	0
Removed	Delamination	7/24/2013	16801.25	0
Removed	Cracking	7/24/2013	14900.39	0
Removed	Cracking	9/3/2013	15940.90	0
Removed	Heating Element	9/9/2013	11713.11	0
Installed	Not Failed	N/A	13888.24	1
Installed	Not Failed	N/A	9721.53	1

Installed	Not Failed	N/A	9521.17	1
Installed	Not Failed	N/A	8759.46	1
Installed	Not Failed	N/A	8698.10	1
Installed	Not Failed	N/A	8328.49	1
Installed	Not Failed	N/A	8124.04	1
Installed	Not Failed	N/A	7808.35	1
Installed	Not Failed	N/A	7804.24	1
Installed	Not Failed	N/A	7777.16	1
Installed	Not Failed	N/A	7545.51	1
Installed	Not Failed	N/A	7238.12	1
Installed	Not Failed	N/A	6747.51	1
Installed	Not Failed	N/A	6747.51	1
Installed	Not Failed	N/A	6738.06	1
Installed	Not Failed	N/A	6570.34	1
Installed	Not Failed	N/A	6560.28	1
Installed	Not Failed	N/A	6503.48	1
Installed	Not Failed	N/A	6344.53	1
Installed	Not Failed	N/A	6335.46	1
Installed	Not Failed	N/A	6270.29	1
Installed	Not Failed	N/A	5289.07	1
Installed	Not Failed	N/A	5276.34	1
Installed	Not Failed	N/A	5180.48	1
Installed	Not Failed	N/A	4794.01	1
Installed	Not Failed	N/A	4760.16	1
Installed	Not Failed	N/A	4713.00	1
Installed	Not Failed	N/A	4674.33	1
Installed	Not Failed	N/A	4613.59	1
Installed	Not Failed	N/A	4543.12	1
Installed	Not Failed	N/A	4504.26	1
Installed	Not Failed	N/A	4357.25	1
Installed	Not Failed	N/A	4187.58	1
Installed	Not Failed	N/A	4166.09	1
Installed	Not Failed	N/A	3873.51	1
Installed	Not Failed	N/A	3630.05	1
Installed	Not Failed	N/A	3538.22	1
Installed	Not Failed	N/A	3497.47	1
Installed	Not Failed	N/A	3484.32	1
Installed	Not Failed	N/A	3457.21	1
Installed	Not Failed	N/A	3457.21	1
Installed	Not Failed	N/A	3285.22	1
Installed	Not Failed	N/A	3249.24	1

Installed	Not Failed	N/A	3008.44	1
Installed	Not Failed	N/A	2984.53	1
Installed	Not Failed	N/A	2914.25	1
Installed	Not Failed	N/A	2897.09	1
Installed	Not Failed	N/A	2398.56	1
Installed	Not Failed	N/A	2162.54	1
Installed	Not Failed	N/A	1561.20	1
Installed	Not Failed	N/A	1457.38	1
Installed	Not Failed	N/A	1422.29	1
Installed	Not Failed	N/A	1422.29	1
Installed	Not Failed	N/A	772.51	1
Installed	Not Failed	N/A	646.52	1
Installed	Not Failed	N/A	645.07	1
Installed	Not Failed	N/A	637.00	1
Installed	Not Failed	N/A	529.14	1
Installed	Not Failed	N/A	499.25	1
Installed	Not Failed	N/A	437.23	1
Installed	Not Failed	N/A	435.13	1
Installed	Not Failed	N/A	115.26	1
Installed	Not Failed	N/A	59.42	1